Indika De Silva
Maeda Toshihiko

Laser de estado sólido para a preparação de filmes supercondutores de óxido

Indika De Silva
Maeda Toshihiko

Laser de estado sólido para a preparação de filmes supercondutores de óxido

ScienciaScripts

Imprint

Any brand names and product names mentioned in this book are subject to trademark, brand or patent protection and are trademarks or registered trademarks of their respective holders. The use of brand names, product names, common names, trade names, product descriptions etc. even without a particular marking in this work is in no way to be construed to mean that such names may be regarded as unrestricted in respect of trademark and brand protection legislation and could thus be used by anyone.

Cover image: www.ingimage.com

This book is a translation from the original published under ISBN 978-620-2-00350-6.

Publisher:
Sciencia Scripts
is a trademark of
Dodo Books Indian Ocean Ltd. and OmniScriptum S.R.L publishing group

120 High Road, East Finchley, London, N2 9ED, United Kingdom
Str. Armeneasca 28/1, office 1, Chisinau MD-2012, Republic of Moldova, Europe
Printed at: see last page
ISBN: 978-620-7-68361-1

Índice:

Capítulo 1   4

Capítulo 2   20

Capítulo 3   29

Capítulo 4   40

Capítulo 5   49

PREFÁCIO

Desde a descoberta, em 1986, da supercondutividade a alta temperatura (HTS) nos supercondutores de óxido de cuprato, foram efectuados estudos exaustivos em todo o mundo para elucidar os mecanismos da supercondutividade e desenvolver as aplicações desses compostos HTS.

Foi alcançado um progresso notável no desenvolvimento da aplicação de fios eléctricos, especialmente no "condutor revestido", que tem uma arquitetura básica de fitas metálicas flexíveis (normalmente uma liga à base de Ni) revestidas por uma película fina de supercondutor. Este tipo de fio é também designado por fio de "segunda geração (2G)". Foram fabricados com êxito protótipos de fios longos de centenas de metros com vários MA/cm^2 de densidade de corrente crítica (Jc). No fabrico de condutores revestidos, foram utilizados muitos tipos de processos de deposição para preparar películas REBCO. Entre eles, o método de deposição por laser pulsado (PLD), que é um dos processos de abrasão/esputterização por laser, tem sido amplamente escolhido. O laser excimer KrF, em especial, é a escolha popular entre a comunidade PLD, porque o seu curto comprimento de onda de 248 nm provoca uma elevada produção de energia laser pulsada.

No entanto, alguns problemas que dificultam a aplicação de condutores revestidos ainda estão por resolver a nível científico. Este livro tem como objetivo abordar estes problemas: reduzir o custo de fabrico e desenvolver as abordagens mais eficazes para aumentar Jc em campos magnéticos elevados. As soluções possíveis discutidas neste trabalho são, respetivamente, para o primeiro e para o último, a utilização de um laser de estado sólido em vez de um laser de excímero e a introdução de centros de fixação de fluxo efectivos nas películas de REBCO. O Capítulo 1 fornece uma breve ideia sobre os métodos de deposição de película fina, a nucleação e o crescimento da película e os métodos de melhoria da fixação. O Capítulo 2 aborda as características do laser Nd:YAG, as suas vantagens em relação ao laser de excímero e os parâmetros do processo de PLD. O Capítulo 3 destaca a qualidade da textura e a morfologia da superfície das películas de (Y,Ho)BCO preparadas em substratos de cristal único de MgO. O Capítulo 4 destaca as características actuais das películas de (Y,Ho)BCO fabricadas em substratos monocristalinos de STO. O capítulo 5 destaca as perspectivas futuras no fabrico de condutores revestidos rentáveis com características de corrente melhoradas.

RECONHECIMENTO

Gostaria de expressar a minha profunda gratidão ao Prof. Y. Yoshida e ao Dr. Y. Ichino, da Universidade de Nagoya, e ao Prof. Doi, da Universidade de Kagoshima, pela ajuda prestada para a publicação deste livro.

É um prazer agradecer a todos os estudantes de licenciatura e pós-graduação do Laboratório de Ciências dos Materiais da Universidade de Tecnologia de Kochi pelo seu apoio em todas as fases deste trabalho.

Estou igualmente grato a Oxana Ciumacenco, Acquisition Editor, LAP LAMBERT Academic Publishing, pelo seu apoio durante o desenvolvimento deste livro.

Gostaria de agradecer ao Sr. V.S.C. Weragoda, Diretor do Departamento de Ciência e Engenharia de Materiais da Universidade de Moratuwa, pela sua motivação e pelas suas infinitas bênçãos. Por último, mas não menos importante, gostaria de exprimir os meus agradecimentos à minha mulher, mãe e pai pelo seu incentivo e cooperação.

Indika De Silva
Departamento de Ciência e Engenharia de Materiais
Universidade de Moratuwa.

Capítulo 1
Introdução
1.1 Métodos de deposição de película fina
1.1.1 Deposição de vapor químico de metais orgânicos (MO-CVD)

As técnicas de deposição química de vapor (CVD) têm uma longa tradição no domínio da tecnologia de supercondutores de alta Tc. Na configuração básica (Figura 1.1), a maioria dos processos CVD emprega fontes de evaporação (contendo os respectivos precursores) localizadas fora da câmara de deposição, com mistura consecutiva dos vapores (com ou sem gás de arrastamento adicional) e introduzindo-os na câmara de deposição (normalmente de parede quente), onde se decompõem e inter-reagem na superfície do substrato, formando assim a película. Normalmente, são utilizados O_2, Ar e N2 como gás de transporte. O substrato é normalmente aquecido para fornecer a energia de reação adequada. Com o objetivo de baixar a temperatura de deposição, os gases precursores são adicionalmente activados através da introdução de plasma perto do substrato. [1]

Basicamente, dois grupos de precursores:

(a) 2,2,6,6-tetrameti 1-3,5-heptanodionatos (thd)

(b) dipivalometanatos (dpm),

são utilizados, cada um com a sua respectiva composição de componentes metálicos Y(thd/dpm), Ba(thd/dpm)2 e Cu(thd/dpm)3. A quantidade de vapor orgânico metálico transportado para o substrato depende da taxa de fluxo do gás de transporte e da temperatura do borbulhador. O oxigénio pode ser fornecido através do gás de arrastamento ou durante o pós-recozimento. O recozimento com O_2 é aplicado após o aumento da temperatura de deposição para 800-850°C, a fim de cristalizar o YBCO. [2]

Vantagens

* As películas são homogéneas (composição e espessura) em grandes áreas ou cargas descontínuas, em resultado do bom "poder de lançamento" e das elevadas taxas de deposição.

Desvantagens

* É difícil obter uma estequiometria exacta.
* Resíduos tóxicos.

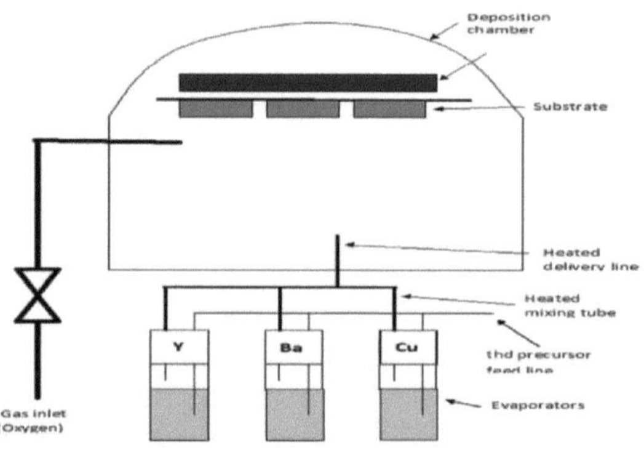

1.1.2 Deposição de metais orgânicos utilizando trifluoroacetatos (TFA-MOD)

O processo MOD que utiliza uma solução precursora contendo trifluoroacetatos de metal (TFA) é um candidato atrativo para a deposição de película fina de YBCO. A solução precursora de TFA para o fabrico de YBCO é preparada dissolvendo os sais de TFA de Y, Ba e Cu com uma relação de catiões de 1:2:3 em álcool metílico suficiente. A solução de revestimento preparada é revestida por centrifugação no substrato e sujeita a tratamentos térmicos nas duas etapas seguintes,

1) **Calcinação - A** película precursora é decomposta em película precursora quase amorfa por aquecimento lento até 400°C numa atmosfera húmida de oxigénio.

2) **Recozimento -** a película é subsequentemente convertida em película de óxido cristalino da modificação tetragonal do YBCO por aquecimento acima de 800°C, numa atmosfera húmida de forno de árgon com baixa pressão parcial de oxigénio. A fase ortorrômbica de alto *Tc* é então obtida por arrefecimento lento em oxigénio seco entre 600°C e 450°C[3]. [3] A reação global no processo TFA é proposta da seguinte forma,

$$0.5Y_2Cu_2O_{2(s)} + 2BaF_{2(s)} + 2CuO + 2H_2O_{(l)} \longrightarrow YBa_2Cu_3O_{6.5+x\,(s)} + 4HF_{(g)} + x/2\,O_{2(g)}$$

Nesta reação, a pressão do vapor de água na corrente de gás principal, $P(H2O)$, é um fator de controlo da supersaturação que determina a taxa de crescimento da fase YBCO.

Consequentemente, o crescimento epitaxial dos cristais de YBCO na película mais espessa deve ser fortemente afetado pelo $P(H2O)$. [4]

Vantagens

- são utilizados equipamentos de processamento sem vácuo de baixo custo

- A composição do metal de partida pode ser facilmente controlada.

Desvantagens

- Geralmente, são necessárias longas etapas de pirólise.

- Durante o processo, é produzido um gás HF altamente corrosivo.

1.1.3 Método Sol - Gel

Precursores e preparação de gel a partir de acetatos

As soluções de acetato de ítrio, bário e cobre (cerca de 200 mM1^{-1}) são preparadas sob agitação a 80°C. Utiliza-se amoníaco ou etilenodiamina para ajustar a válvula de pH. As soluções foram mantidas a 80 °C durante 16-24 h até se obterem líquidos viscosos devido a uma evaporação lenta. [5]

Precursores e preparação de gel a partir de alcóxidos

A solução é feita a partir de etóxido de cobre, isopropóxido de bário e isopropóxido de ítrio. Utiliza-se como solvente uma mistura de isopropanol, ácido acético e água, uma vez que o etoxido de cobre ($Cu(OC2H5)$) não é solúvel nos álcoois comuns. Este procedimento resulta numa redução considerável da reatividade do alcóxido, permitindo assim a preparação controlada de um gel. A válvula de pH é ajustada durante toda a reação por adição de amoníaco. Isto foi necessário para evitar a segregação dos vários constituintes. A solução foi mantida a 75°C durante 48 h. O gel final é verde e viscoso. [5]

Preparação da película no substrato

Na maioria dos casos, são utilizados substratos modificados. A alumina e a YSZ foram modificadas por impregnação com uma solução saturada de AgNO3 que é subsequentemente evaporada por aquecimento a 150 °C. Foram aplicadas várias camadas do gel utilizando um tubo de vidro.

A calcinação é efectuada em duas etapas. A primeira calcinação a 700 °C durante 3 h produziu uma película com muitas fissuras. Estas fissuras podem ser eliminadas esfregando suavemente a superfície da película. Após este processo, a película é novamente calcinada a 940 °C durante 1h e recozida a 475 °C durante 12h numa atmosfera de oxigénio. [5]

1.1.4 Epitaxia por feixe molecular (MBE)

A epitaxia por feixe molecular é, em vários aspectos, semelhante à técnica de co-evaporação, com a exceção de que a deposição é efectuada principalmente de forma sequencial e não simultânea. Uma caraterística distinta da MBE é a pressão extremamente baixa do gás de fundo (oxigénio ativado ou ozono) (10^{-3} Torr), que permite a aplicação da análise de difração de electrões de alta energia reflectida (RHEED) para seguir as características da película numa base monocamada durante o crescimento. Os componentes individuais que formam a película são evaporados por feixe de electrões ou por fontes convencionais de aquecimento por resistência. [1]

Na preparação de películas de YBCO, Y, Ba e Cu são depositados separada e sequencialmente como camadas finas e a composição homogénea desejada é obtida por difusão num pós-recozimento. Para facilitar uma inter-difusão completa durante o recozimento para formar a fase supercondutora, é necessário que a espessura da película para cada componente individual seja suficientemente pequena, e a maioria dos investigadores deposita camadas com uma espessura entre 10 nm e 240 nm a taxas de deposição inferiores a 0,3 nm/s [6]. As baixas taxas de deposição são essenciais para assegurar a formação de uma película homogénea e isenta de defeitos, e os rácios de espessura da película para os componentes individuais determinam a composição estequiométrica da película após o recozimento

Vantagens

- As películas com camadas atómicas controláveis com precisão e sem quaisquer macro partículas podem ser preparadas por MBE. [6]
- É uma excelente ferramenta de investigação para investigar problemas de formação de interfaces, nucleação e fenómenos de crescimento de películas. [6]

Desvantagens

- Sistema relativamente complicado
- Não é utilizado para preparar películas de elevada espessura devido à baixa taxa de deposição.

1.1.5 Deposição por pulverização catódica

As tecnologias de deposição por pulverização catódica com magnetrões ou feixes de iões (MST/IBST) constituíram uma das primeiras abordagens à deposição de películas supercondutoras finas. O princípio da pulverização catódica baseia-se na produção de partículas (neutras, iões) que são emitidas a partir de um alvo como resultado de colisões de bombardeamento de iões de gás de elevada massa (normalmente árgon) (Figura 1.2). Os iões de árgon são produzidos numa fonte de iões separada ou dirigidos para o alvo (IBST), ou é criado um plasma assistido por magnetrão em frente da placa do alvo, onde o gás árgon é ionizado e estes iões são dirigidos para a superfície do alvo pelo campo magnético aplicado (MST). O substrato está virado para a superfície do alvo de uma forma que faz com que as partículas alvo emitidas e os gases reactivos adicionais (por exemplo, oxigénio) cresçam como uma película. A reação entre o gás e as partículas alvo emitidas é assistida pelo aquecimento do substrato para assegurar a formação da estrutura e estequiometria da película desejada. [1]

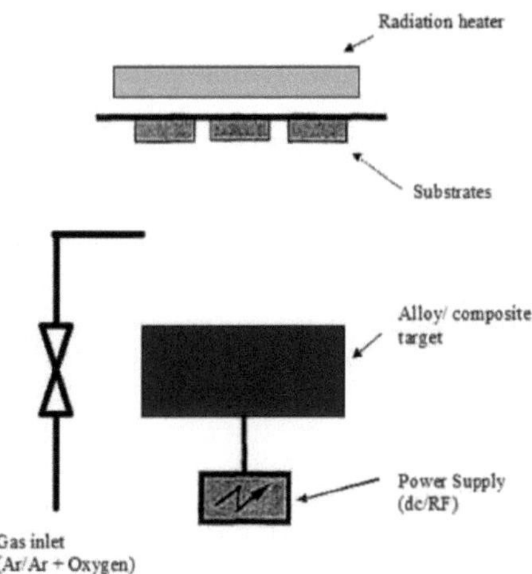

Figura 1.2: Deposição por pulverização catódica básica

As propriedades das películas são bastante sensíveis aos parâmetros do processo de MST, que são;

- Modo de deposição (RF ou DC)
- Composição do gás (reativo/não reativo) [7]
- Posição do substrato (no eixo, fora do eixo) [7]
- Alinhamento de alvos (alvo único/múltiplos alvos) [7]
- Temperatura do substrato
- Pressão do gás

Vantagens
- Montagem experimental relativamente fácil (Fig. 3).

Desvantagens
- Na maioria dos casos, a composição da película não reflecte a composição pretendida.
- Quando os substratos estão virados para o alvo (no eixo) para obter a taxa máxima de deposição, os iões negativos de oxigénio produzidos no plasma de pulverização

catódica provocam um efeito de retrodispersão no substrato que corta a película em crescimento, empobrecendo-a de alguns elementos (Cu, Ba) mais do que de outros. [7]

1.1.6 Co-evaporação

O princípio básico das técnicas de co-evaporação envolve a evaporação simultânea e contínua de dois ou mais componentes metálicos (normalmente uma fonte para cada elemento da película, com exceção do oxigénio) para a película de Tc *elevado* numa atmosfera de oxigénio e/ou outros gases reactivos. Os elementos individuais provenientes das fontes de evaporação atingem o substrato e formam a estrutura desejada com a ajuda da energia térmica fornecida pelo aquecimento do filamento, mas em muitos casos a reatividade do gás é demasiado baixa (ou a temperatura necessária do substrato é demasiado elevada), exigindo uma ativação adicional por plasma (Figura 1.3). As fontes de evaporação mais frequentemente utilizadas são os evaporadores aquecidos por resistência ou por feixe de electrões. [1]

Normalmente, a taxa de evaporação de cada fonte é medida in situ por monitores de taxa de cristal de quartzo que são manual ou eletronicamente ligados à fonte de alimentação da fonte de evaporação correspondente. Para as películas de Y-Ba-Cu-O, o ítrio e o cobre são quase sempre evaporados como elementos puros; o bário também pode ser evaporado como elemento puro, mas requer um manuseamento cuidadoso devido à sua elevada afinidade com o oxigénio, vapor de água e CO_2 quando exposto ao ar, pelo que o BaF2 é frequentemente utilizado como alternativa mais inerte. [8]

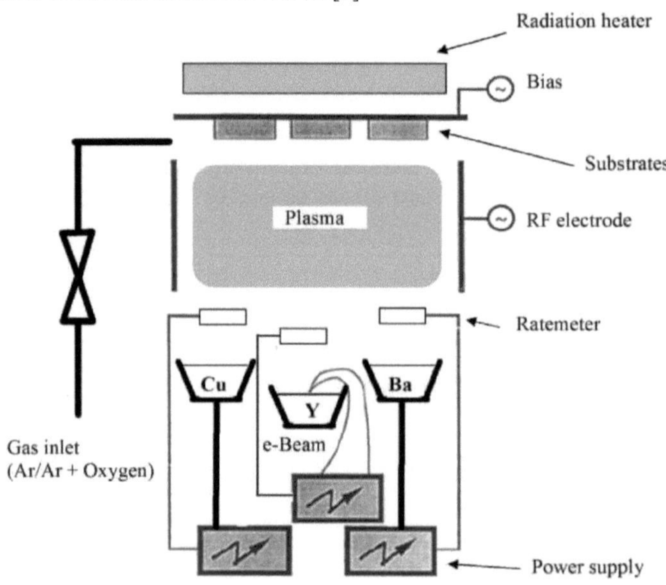

Figura 1.3: Princípio da co-evaporação térmica

Vantagens
- Controlo individual da taxa de deposição de cada componente (capaz de manter a estequiometria).

- Redução da temperatura de deposição
- Melhor homogeneidade da película em grandes áreas

Desvantagens
- Sistema relativamente complicado

1.2 Materiais de substrato utilizados na deposição de películas finas

1.2.1 Requisitos do substrato

Para o desenvolvimento de uma tecnologia de deposição fiável para películas finas HTS de alta qualidade, a escolha do material do substrato é de importância primordial. Os requisitos básicos para os substratos podem ser resumidos da seguinte forma.

1.2.1.1 Compatibilidade química

Uma das primeiras questões que devem ser tratadas para determinar a adequação de um substrato para uma película HTS é a compatibilidade química dos dois materiais. Isto é verdade quer a película seja ou não epitaxial. Idealmente, não deve haver quaisquer reacções químicas entre a película e o substrato. Independentemente do método específico de crescimento da película utilizado, o substrato deve ser não reativo no ambiente rico em oxigénio necessário para o crescimento e processamento.

1.2.1.2 Correspondência da rede cristalográfica

É necessário que os parâmetros de rede entre o substrato e o material da película sejam semelhantes ou quase iguais para que a película cresça epitaxialmente com a espessura máxima [9]. As melhores películas HTS cultivadas até à data, com maior densidade de corrente crítica, melhor morfologia e estabilidade ao longo do tempo, são epitaxiais nos seus substratos.

De um modo geral, podem distinguir-se duas classes de substratos;

(a) Substratos compatíveis

O material HTS pode ser depositado sem uma camada tampão. A deposição em substratos compatíveis é geralmente mais fácil.

(b) Substratos não compatíveis

Estes substratos são cobertos por uma camada tampão epitaxial antes da deposição da película HTS devido a um grande desfasamento da rede e/ou à interação química entre o substrato e o material HTS.

1.2.1.3 Expansões térmicas semelhantes

A grande diferença de expansões térmicas entre o substrato e o material da película resulta na perda de aderência ou na fissuração da película durante o ciclo térmico.

1.2.1.4 Rugosidade da superfície

Para que o depósito das camadas tampão e supercondutora seja bem sucedido, a superfície do substrato deve ser lisa e plana. Quaisquer irregularidades na superfície do substrato serão duplicadas nas camadas tampão e supercondutora, resultando na degradação das propriedades supercondutoras. Os principais factores que afectam a qualidade da superfície do substrato foram identificados como danos por laminagem (função da rugosidade do rolo) e ranhuras nos limites dos grãos durante o recozimento [10]. A suavidade da superfície pode ser melhorada por polimento mecânico e/ou eletrolítico antes da deposição das camadas tampão e supercondutora, embora isto possa contaminar a superfície e introduzir tensão nos grãos.

1.2.2 Diferentes tipos de substratos

As películas supercondutoras de alta temperatura têm sido cultivadas com sucesso em muitos substratos diferentes. LaAlO3, SrTiO3 e MgO são substratos típicos utilizados para a deposição de YBCO. Entre estes substratos, o SrTiO3 é amplamente utilizado porque a sua constante de rede é quase semelhante à do YBCO (Tabela 1.3) e não reage com o YBCO mesmo a temperaturas relativamente elevadas. Mas o SrTiO3 é demasiado caro e a sua constante dieléctrica de elevada perda torna-o inadequado para aplicações electrónicas.

O desajuste relativamente grande da rede (cerca de 8%) entre o YBCO e o MgO leva à geração de limites de grão inclinados e deslocações nas películas de YBCO. Mas pode ser utilizado como substrato para YBCO devido às suas excelentes propriedades dieléctricas: constante e tangente de perda baixa [11].

A camada tampão permite o crescimento epitaxial reduzindo o desfasamento da rede entre o substrato e o material HTS e proporciona uma barreira suficiente contra a interdifusão do substrato e do material HTS. O CeO2 provou ser um dos tampões mais eficazes devido às suas características favoráveis de crescimento de película fina, interação química mínima e boa correspondência de rede com a maioria dos materiais HTS. Um dos substratos mais ideais, especialmente para aplicações no domínio da eletrónica de micro-ondas, é o Al2O3 orientado a (1102) (safira r-cut), que possui uma elevada perfeição cristalina e uma constante dieléctrica de baixa perda [9]. No entanto, reage facilmente com o YBCO, pelo que se aplicam camadas tampão de CeO2 para criar uma barreira suficiente contra a difusão e reduzir o desfasamento da rede entre os dois materiais.

O óxido de zircónio estabilizado com ítrio (YSZ) e o CeO2 são as melhores camadas-tampão para o YBCO devido ao baixo nível de desfasamento da rede com o YBCO (Tabela). No entanto, são adicionadas camadas tampão nalguns casos de substratos compatíveis, por exemplo, a camada tampão de CeO2 em substratos de LaAlO3 reduz a probabilidade de crescimento no *eixo a* [12].

Em especial, o fio 2G com YBCO HTS numa arquitetura RABiTS (substrato texturizado bi-axialmente assistido por laminagem) utilizado pela American Superconductor Corporation Inc. (AMSC) é constituído por três camadas tampão em fita Ni-W (5%) texturizada. O Y2O3 serve como camada de semente num substrato metálico Ni-W de 75 uni de espessura. O óxido de zircónio estabilizado com ítrio (YSZ) é depositado como camada de barreira e o CeO2 desempenha o papel de camada tampão [12].

Tabela 1.1: Estrutura da rede de diferentes materiais

Material	Configuração da rede	Parâmetros da rede (A)
YBCO	Ortorrômbico	a = 3,89, b = 3,82

YSZ	Hexagonal	a = 5.14
CeO2	Hexagonal	a = 5.41
MgO	Sal-gema	a = 4.213
SrTiO3	Perovoskite	a = 3.905
Al2O3	Hexagonal	a = 4.777
LaAlO3	Perovoskite	a = 3.793

1.3 Nucleação e crescimento do filme

Ao considerar a teoria geral da nucleação e crescimento da película, podem ser discutidos três modos convencionais de nucleação e crescimento da película.

- Crescimento de ilhas tridimensionais (Volmer-Weber).
- Crescimento bidimensional de monocamadas completas (Frank-van der Merwe).
- Crescimento bidimensional de monocamadas completas seguido de nucleação e crescimento de ilhas tridimensionais (Stranski-Krastinov).

A teoria convencional da nucleação e crescimento da película, recentemente revista por Green (1993), afirma que a seleção de um destes modos de crescimento por um sistema substrato-filme depende,

- A termodinâmica que relaciona as energias de superfície (película e substrato)
- A energia da interface película-substrato.

A nucleação de aglomerados de átomos de película através da deposição de vapor de átomos de película num substrato envolve vários processos, conforme ilustrado na Figura 1.4. Os átomos da película chegam a uma velocidade dependente dos parâmetros de deposição, quer em áreas nuas do substrato, quer em aglomerados pré-existentes de átomos da película. Estes átomos da película podem ser subsequentemente difundidos no substrato

$$\Delta G = a_1 r^2 \Gamma_{c\text{-}v} + a_2 r^2 \Gamma_{s\text{-}c} - a_2 r^2 \Gamma_{s\text{-}v} + a_3 r^3 \Delta G_v \dots\dots\dots\dots\dots\dots(3)\ [13]$$

ou aglomerados, ligar-se a aglomerados de átomos de película pré-existentes, ser reevaporado do substrato ou de um aglomerado, ou ser destacado de um aglomerado e permanecer na superfície do substrato. O equilíbrio entre os processos de crescimento e dissolução para um determinado aglomerado será regido pela energia livre total do aglomerado, relativamente a um conjunto de átomos individuais [13] Para um aglomerado suficientemente grande para ser razoavelmente tratado como um sólido contínuo, esta energia livre pode ser escrita como,

r Raio do agrupamento

r Energia da interface

ΔG_v Ch g$_{ane}$ na energia livre de volume na condensação do aglomerado

Uma constante que depende da forma dos núcleos

c) Aglomerado

s Substrato

v Vapor

Se, para um determinado tamanho de aglomerado, a derivada desta variação de energia livre em relação aos átomos no aglomerado for positiva, então o aglomerado não é estável e os aglomerados desse tamanho diminuirão em média. Se esta derivada for negativa, então esse tamanho de aglomerado é estável e crescerá em média

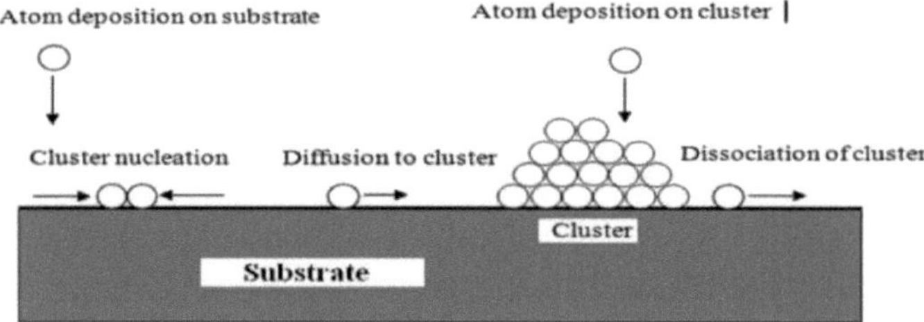

Figura 1.4: Diagrama esquemático dos processos atómicos na nucleação de aglomerados 3-D

1.3.1 Nucleação e crescimento de Volmer-Weber

Pequenos aglomerados são nucleados diretamente na superfície do substrato e depois crescem em ilhas da fase condensada. Isto acontece quando os átomos (ou moléculas) do depósito estão mais fortemente ligados uns aos outros do que ao substrato. Uma temperatura mais elevada e uma taxa de deposição mais baixa promovem a formação de ilhas maiores. Este modo é apresentado por muitos sistemas de crescimento de metais sobre isoladores, incluindo muitos metais sobre halogenetos alcalinos, grafite e outros compostos de camadas como a mica. [14]

1.3.2 Frank-van der Merwe Nucleação e crescimento

Este modo apresenta as características opostas. Uma vez que os átomos estão mais fortemente ligados ao substrato do que entre si, os primeiros átomos a condensarem-se formam uma monocamada completa na superfície, que fica coberta por uma segunda camada um pouco menos fortemente ligada. Se a energia de superfície do aglomerado for baixa e a do substrato for alta, é energeticamente mais favorável que a película se forme como monocamadas completas [15]. O crescimento de monocamadas completas ainda envolve a nucleação e o crescimento de ilhas, mas estas têm agora apenas uma monocamada de espessura e crescem até à coalescência essencialmente completa antes de se desenvolverem aglomerados significativos na camada de película seguinte. Este modo de crescimento é observado no caso de gases adsorvidos, tais como vários gases raros sobre grafite e sobre vários metais, em alguns sistemas metal-metal e no crescimento de semicondutores sobre semicondutores [16].

1.3.3 Nucleação e crescimento Stranski-Krastinov

O modo de crescimento Stranski-Krastanov (SK) é um caso intermédio entre o crescimento em ilha e o crescimento em camada e ocorre numa série de casos em que o crescimento em camada seria previsto com base na energia de superfície. A deposição inicial conduz à formação de uma ou, nalguns casos, de mais monocamadas deformadas, cuja estrutura é fortemente influenciada pelo substrato subjacente. A deposição posterior produz uma camada de adátomos, a partir da qual as ilhas tridimensionais acabam por nuclear-se e crescer [16]. A caraterística mais óbvia que pode causar a nucleação de aglomerados tridimensionais em monocamadas completas é o aumento da espessura da camada na tensão devido a um espaçamento de rede incompatível [13]. O número e a estrutura das camadas adsorvidas, bem como a densidade numérica e a forma das ilhas que se formam, dependem das condições de deposição e do sistema particular película/substrato. Em particular, verificou-se que a densidade das ilhas é uma forte função da temperatura do substrato. Existem atualmente muitos exemplos da sua ocorrência em sistemas compostos metal-metal, metal-semicondutor, gás-metal e gás-camada [15].

1.3.4 Efeitos da microestrutura da superfície do substrato

As descrições anteriores dos modos de nucleação e crescimento de películas finas assumiram implicitamente que a nucleação ocorre de forma homogénea em locais aleatórios da superfície do substrato. No entanto, em muitas experiências de deposição, os defeitos da superfície do substrato, tais como degraus atómicos, defeitos pontuais e intersecções de deslocações, fornecem locais de baixa energia nos quais a nucleação ocorre preferencialmente [13]. Na presença de tais locais de nucleação heterogéneos, a taxa de nucleação e a densidade de núcleos serão controladas pela distribuição de locais de baixa energia a baixas supersaturações. Com uma supersaturação suficientemente elevada, a taxa de nucleação homogénea pode ultrapassar a taxa heterogénea. Em princípio, a nucleação e o crescimento de películas heterogéneas podem ser tratados essencialmente com a mesma matemática utilizada para o caso homogéneo, bastando para isso ter em conta os locais de baixa e alta energia, mas as equações tornam-se consideravelmente mais complexas se o problema for tratado de uma forma geral. Ao comparar os resultados das experiências de nucleação de películas, o facto mais importante a ter em conta sobre os efeitos heterogéneos é que as diferenças na preparação do substrato podem dominar quaisquer diferenças na cinética [16].

1.4 Métodos de melhoria da fixação

Na sequência da descoberta do supercondutor de alta temperatura do tipo II, que é constituído por compostos metálicos e ligas com T_c mais elevado, tem-se trabalhado no sentido de desenvolver estes materiais para aplicações energéticas. Um dos problemas que os investigadores têm enfrentado é o movimento das linhas de fluxo magnético (vórtices) que produz uma dissipação indesejável de energia e limita a densidade de corrente crítica J_c [17]. Num campo magnético, B, os vórtices magnéticos com *fluxo* quantizado^o e espaçamento, a_0 $= (\phi_0/B)^{1/2}$ experimentam uma força, chamada força de Lorentz, $F = I \times B$. A Figura 1.5 mostra que esta força é perpendicular tanto ao campo magnético aplicado como à direção do fluxo de corrente [18]. Os defeitos ou imperfeições (químicos ou estruturais) nos supercondutores de alta temperatura são locais energeticamente favoráveis para fixar linhas de fluxo magnético. Este fenómeno é conhecido como efeito de fixação, que tende a aumentar a densidade da corrente até níveis elevados. A força de fixação de um defeito individual depende do seu tamanho e forma, bem como da sua composição e interação estrutural com a matriz [19]. Em geral, o aumento da densidade de locais de fixação aumentará inicialmente o Jc, mas, para além de uma densidade óptima, o desempenho deteriorar-se-á [19].

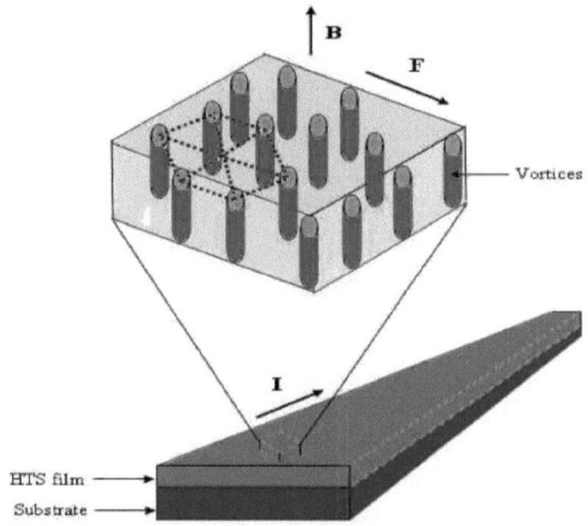

Figura 1.5: Esquema de vórtices magnéticos em supercondutores

Na ausência de defeitos introduzidos extrinsecamente, o *Jc* das películas REBCO é muito mais elevado para campos aplicados paralelamente ao *plano ab*, *H//ab*, do que para campos aplicados paralelamente ao eixo *c*, *H//c*. Esta anisotropia é devida à forte fixação intrínseca resultante da estrutura Cu-O em camadas [2o]. Por conseguinte, tem sido efectuada uma investigação significativa para melhorar a fixação de *H//c*.

Basicamente, os centros de fixação podem ser divididos em duas categorias: centros de fixação naturais e centros de fixação artificiais (APC). Os centros de fixação naturais são defeitos formados intrinsecamente durante o crescimento da película, tais como precipitados, deslocamentos desajustados, vazios, desorientação no plano e fora do plano. Os APCs são introduzidos intencionalmente na película através de várias técnicas e são normalmente descritos como centros de fixação 1D (unidimensionais), 2D e 3D. Os defeitos colunares, os defeitos lineares, os nanobastões e as nanopartículas auto-alinhadas introduzidos nas películas de REBCO (RE = Er, Gd, Nd) preparadas por PLD são conhecidos como APCs 1D [21]. Os limites de grão são considerados como APCs 2D. Os defeitos de precipitados de fases secundárias ou inclusões não supercondutoras, dispersos aleatoriamente na película, podem ser referidos como APCs 3D [21].

1.4.1 Defeitos colunares por irradiação com iões pesados

Os defeitos colunares gerados por irradiação com iões pesados são estruturas promissoras para fixar linhas de fluxo magnético e aumentar as correntes críticas em supercondutores com temperaturas de transição elevadas. Os defeitos colunares, que consistem em traços de danos lineares com um diâmetro de 100 A e um comprimento de dezenas de micrómetros, podem ser produzidos por bombardeamento com iões pesados a energias da ordem de várias centenas de mega electrões-volt [22]. Em termos quantitativos, a interação de uma linha de fluxo com um defeito linear deste tipo deverá resultar numa energia de fixação muito superior à que seria obtida através da utilização de um conjunto aleatório de defeitos pontuais.

Quando as HTSC são irradiadas com electrões, protões, neutrões e iões leves com energias incidentes até vários MeV, a formação de defeitos deve-se apenas [23] à perda de energia nuclear. Estas colisões directas resultam na formação de um defeito [24] através de um deslocamento do átomo de recuo primário e, para uma energia de recuo suficientemente elevada, através de cascatas de colisão cujo tamanho aumenta com a energia de recuo primário. Por exemplo, a irradiação com electrões de cerca de 1 MeV cria apenas defeitos pontuais, enquanto os neutrões rápidos produzem defeitos em cascata de 50 a 100 A de diâmetro [25].

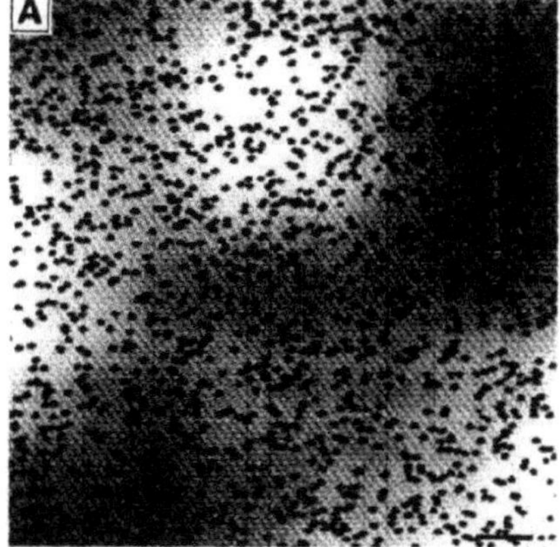

Figura 1.6: Imagens AFM registadas em superfícies gravadas de monocristais de BSCCO que foram irradiados com iões Ag2+ de 276 MeV para produzir densidades de defeitos colunares de x 107 defeitos por

À medida que se consideram iões mais pesados e mais energéticos, a perda de energia eletrónica torna-se progressivamente mais importante em comparação com a perda de energia nuclear. Por exemplo, para iões Xe com energias na gama dos GeV, a potência de paragem eletrónica é cerca de 2000 vezes superior à potência de paragem nuclear. Neste limite, cada ião cria um cilindro de material amorfizado ou pista latente ao longo do seu percurso.

1.4.2 Apresentação das nano-hastes

Os nanobastões de BaZrO3 são conhecidos por serem centros de fixação eficazes como centros de fixação *correlacionados com o eixo c*. A zircónia estabilizada com ítria (YSZ) foi adicionada ao alvo de YBCO e o BaZrO3 formou-se por reação [26], presumivelmente deixando uma matriz de película de YBCO deficiente em Ba. Uma caraterística fascinante é a auto-montagem de matrizes verticais de partículas de BaZrO3 conhecidas como nanobastões (Figura 1.7). Pensa-se que esta caraterística surge quando as ilhas de impureza nucleiam preferencialmente no campo de deformação acima das partículas de impureza enterradas [27]. A deformação deve-se, em parte, ao desfasamento da rede cristalina entre a impureza e o material hospedeiro, e é provavelmente por isso que se observam 'nanorodas' num sistema com elevado desfasamento (9%), como o YBCO/BaZrO3, ao passo que não se observam quando o desfasamento é menor (2,5%), como acontece com as nanopartículas de Y2O3 [28].

Numa variação, os nanobastões de BaZrO3 são formados no interior de uma película de YBCO através de um alvo de YBCO "modificado na superfície": um sector fino e estreito de YSZ, cortado de um cristal único de YSZ, foi colado no alvo [22]. Recentemente, Varanasi et al [29] mostraram outro método, que consiste em inserir uma fatia de 30° do material de segunda fase no alvo principal de YBCO para obter um alvo "em forma de tarte". Neste método, a fase dopante BaSnO3 pode ser ablacionada de forma periódica, dando origem a nanobastões correlacionados com o eixo c, finamente dispersos por toda a espessura da película.

A densidade de nanobastões de BaZrO3 em películas de YBCO pode ser controlada através da variação do teor de BaZrO3 num alvo. A adição de BaZrO3 tem duas funções para a supercondutividade; uma é a melhoria das forças de fixação devido à adição de centros de fixação e a outra é a degradação *de Tc*[30]. Além disso, o comprimento dos nanobastões de BaZrO3 pode ser controlado utilizando dois tipos de alvo: YBCO puro e uma mistura de YBCO e BaZrO3. A variação do comprimento dos nanobastões de BaZrO3 afecta o mecanismo de fixação [30]. Em particular, as dependências angulares do campo magnético de *Jc* variam desde a fixação *correlacionada com o eixo c* até à fixação quase aleatória, alterando o comprimento dos nanobastões. O campo magnético no cruzamento do mecanismo de fixação parece ser ajustado pelo comprimento dos nanobastões de BaZrO3. [30].

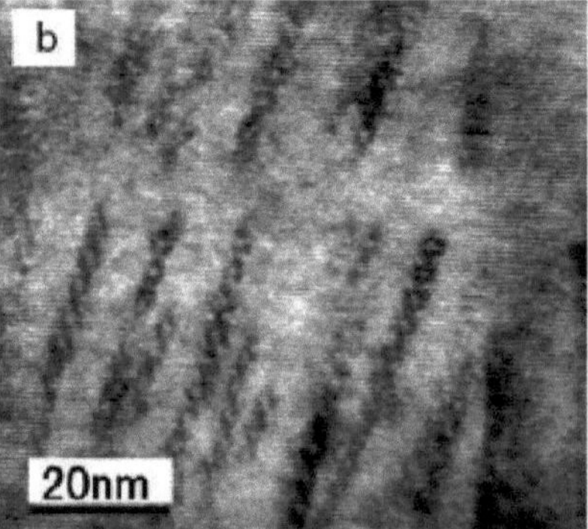

Figura 1.7: Imagem TEM ampliada da secção transversal de uma película de YBCO com nanobastões de BaZrO3 [30]

1.4.3 Introdução às nanopartículas de segunda fase

Vários materiais, como Y2O3, Y2BaCuO5 (Y211), BaZrO3, BaIrO3, Nd2O3, etc. [3133] em películas de YBCO ablacionadas por laser pulsado (PLD), foram recentemente investigados para criar nanopartículas para fixação de fluxos. O efeito de fixação de cada um destes materiais e processos proporciona uma fixação efectiva em vários níveis de campo magnético.

1.4.3.1 Adição de nanopartículas de Y2BaCuO5 (Y211)

As partículas de segunda fase Y211 de dimensão nanométrica são introduzidas por crescimento de multicamadas alternadas de Y211 e Y123 ultrafinos utilizando alvos de composição Y123 e Y211 separados. Estudos de microscopia (Figura 1.8) revelam uma dispersão quase uniforme de nanopartículas de Y211 de segunda fase cultivadas pelo modo de crescimento em ilha em YBCO. [34]

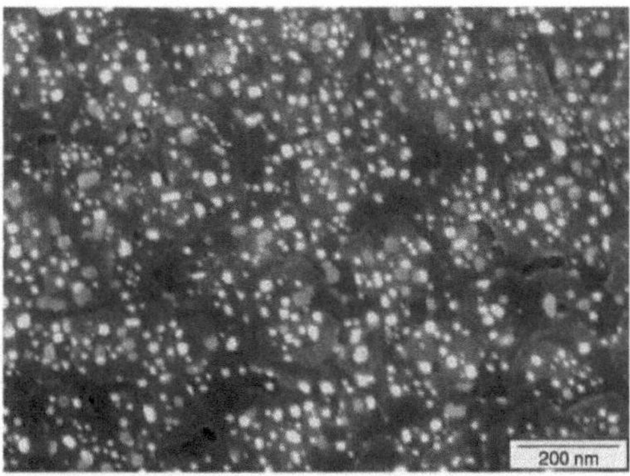

Figura 1.8: Imagem SEM da película multicamada (Y211 1,1 nm/Y123 12,6 nm) 25. As nanopartículas de imagem branca têm um tamanho médio de partícula de 14,8 0,7 nm e uma densidade numérica de 1,1 1011

1.4.3.2 Filmes de YBCO dopados com Y2O3 através de alvos modificados à superfície

As nanopartículas de películas de YBCO dopadas com Y2O3 são produzidas utilizando alvos com superfície modificada: um sector de Y2O3 fino (0,5 mm) e estreito (a sua área é cerca de 2,5% da área da superfície do alvo de YBCO), que foi cortado de um cristal único de Y2O3, foi colado no alvo [21].

Outra forma de introduzir partículas de segunda fase em películas de YBCO PLD é através da utilização de um alvo de YBCO dopado. O pó de YBCO é misturado com uma quantidade desejada de materiais de segunda fase e sinterizado em conjunto para formar um alvo composto de supercondutor e material de fixação [24]. No entanto, nesta abordagem são possíveis reacções com o material de fixação e o YBCO durante a preparação do alvo, se o material de fixação não for quimicamente compatível com o YBCO [35].

1.4.4 Decoração da superfície do substrato

A decoração da superfície, o método mais antigo utilizado, foi conseguida através da deposição de nanopartículas de metal (Ag, ref. 36; Ir, ref.37) ou de óxido (Y2O3, ref.38) no substrato antes do crescimento do filme de YBCO, ou através do processamento de uma camada de óxido (CeO2, ref. 39; SrTiO3, ref.

40) de modo a que se desenvolvam naturalmente na superfície de deposição partículas à escala nanométrica. As partículas, com dimensões entre 10 e 100 nm, produzem uma perturbação no YBCO que pode aumentar a fixação do fluxo. Não existe, no entanto, uma imagem clara e consistente relativamente à natureza da perturbação e ao efeito no desempenho. O cenário mais provável é que os planos da rede de YBCO sejam dobrados ou distorcidos acima das nanopartículas, resultando em limites de grão de baixo ângulo ou deslocações que podem atingir a superfície do substrato.

Num caso, as partículas de superfície de Y2O3 produziram defeitos *correlacionados com o eixo c*, com o aumento esperado de *Jc* quando o campo é paralelo a esses defeitos [41]. Em contraste, o aumento de *Jc*, que aparece como uma fixação aleatória, foi produzido com partículas de superfície de irídio, mas a fixação aleatória está normalmente associada a uma distribuição homogénea de defeitos pontuais distribuídos por todo o volume da película, e não à distribuição planar aqui apresentada. Foi relatado [32] que a flambagem dos planos de YBCO acima das partículas, e as películas são finas (100-200 nm); talvez os campos de deformação presentes em toda a espessura estejam a criar a aparência de uma distribuição volumétrica de partículas.

1.4.5 Processo de crescimento a baixa temperatura para filmes de Smi+xBa
2-xCU3O7-s

O processo de crescimento a baixa temperatura (LTG) é proposto para o fabrico de películas de composição não estequiométrica de $Sm_{1+x} Ba_2 xCu O_{37} 5$ (x<0,12) com melhor J_c [42]. Este processo envolve o seguinte procedimento. Primeiro, a camada de SmBCO com uma espessura aproximada de 100 nm é depositada num substrato de MgO a uma temperatura de crescimento elevada (T_s= 830°C). Em seguida, a camada superior de SmBCO com uma espessura de 500-600 nm é depositada a uma *temperatura* baixa (740°C) [42].

Na camada superior, que foi fabricada a um T_s baixo, as alterações de composição ocorreram tanto em direcções paralelas como perpendiculares à superfície do substrato. Assim, parece que o interior da película fina de LTG-SmBCO contém aglomerados difusos de uma fase tridimensional rica em Sm (Figura 1.9). Pensa-se que esta fase rica em Sm funciona como um centro de fixação induzido por um campo magnético.

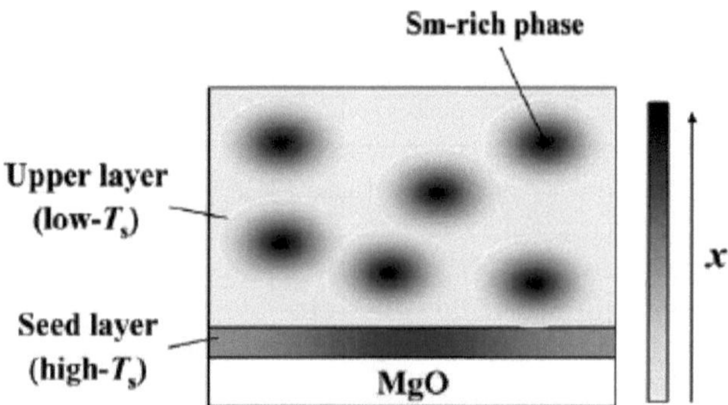

Figura 1.9: Desenho esquemático da película fina LTG-SmBCO inferida a partir de observações microestruturais baseadas na análise TEM-EDX [42]

1.4.6 Substituição de Y por outros elementos de ER

Os mecanismos de reforço da fixação mais complexos e mal compreendidos resultam da substituição do ítrio nas películas de YBCO por elementos RE. Embora se saiba há muito tempo que esses compostos REBCO apresentam um comportamento Jc diferente e, por vezes, melhorado em função do campo, em comparação com o YBCO, as razões para este facto são incertas. No entanto, as influências óbvias são o aumento dos valores da temperatura de transição (T_c) [43] e a termodinâmica e cinética de crescimento que se pensa produzirem microestruturas de película melhoradas [44].

Estudos anteriores revelam que o $GdBa_2 Cu3O_{7-\delta}$ apresenta um aumento significativo no campo em relação ao YBCO, talvez devido a uma maior densidade de falhas de empilhamento

[45]. Também foram comunicados níveis promissores de melhoria para o EuBCO [46] e o SmBCO [47], embora estas composições devam ser depositadas a temperaturas mais elevadas [48] e à pressão de oxigénio para controlar a quantidade de troca RE-Ba e para obter a cristalinidade necessária em compostos com temperaturas de fusão mais elevadas. Tais modificações não são necessárias nos elementos de terras raras mais pesados, que são menos susceptíveis de trocar com Ba e têm pontos de fusão mais baixos [49].

CAPÍTULO 2
Laser Nd:YAG e deposição por laser pulsado

2.1 Laser Nd:YAG

O Nd:YAG (granada de ítrio-alumínio dopada com neodímio; Nd:Y3Al5O12) é um cristal utilizado como meio de laser para lasers de estado sólido. O dopante, neodímio triplamente ionizado, substitui o ítrio na estrutura cristalina da granada ítrio-alumínio sem afetar fortemente a estrutura da rede, porque estes iões têm um tamanho semelhante. Geralmente, o hospedeiro cristalino é dopado com cerca de 1% de neodímio em peso.

2.1.1 Teoria de funcionamento

Os lasers Nd:YAG são bombeados opticamente utilizando uma lâmpada de flash ou díodos laser. A lâmpada de flash é uma lâmpada de descarga eléctrica incandescente concebida para produzir luz branca extremamente intensa, incoerente e de espetro total durante períodos muito curtos. A lâmpada é constituída por um tubo hermeticamente fechado, muitas vezes feito de quartzo fundido, que é enchido com um gás nobre, geralmente xénon, e eléctrodos para transportar a corrente eléctrica para o gás. Além disso, é necessária uma fonte de energia de alta tensão para energizar o gás. Para este efeito, é normalmente utilizado um condensador carregado, de modo a permitir o fornecimento muito rápido de uma corrente eléctrica muito elevada quando a lâmpada é accionada. Um díodo laser é um laser em que o meio ativo é um semicondutor semelhante ao que se encontra num díodo emissor de luz. O tipo mais comum e prático de díodo laser é formado por uma junção p-n e alimentado por corrente eléctrica injectada. O arsenieto de gálio, o fosforeto de índio, o antimoneto de gálio e o nitreto de gálio são exemplos de materiais semicondutores compostos que podem ser utilizados para criar díodos de junção. [1]

Os lasers de Nd:YAG funcionam tanto em modo pulsado como em modo contínuo [2]. Os lasers Nd:YAG pulsados funcionam normalmente no chamado modo Q-switching: Um interrutor ótico é inserido na cavidade do laser, aguardando uma inversão máxima da população nos iões de neodímio antes de se abrir. A onda de luz pode então atravessar a cavidade, despovoando o meio laser excitado na inversão máxima da população. Neste modo de comutação Q, são atingidas potências de saída de 20 megawatts e durações de impulso inferiores a 10 nanossegundos. Os impulsos de alta intensidade podem ser eficazmente duplicados em frequência para gerar luz laser a 532 nm, ou harmónicos superiores a 355 e 266 nm [3].

Existem dois tipos principais de Q-switching:

Q-switching ativo

Neste caso, o Q-switch é um atenuador variável controlado externamente. Este pode ser um dispositivo mecânico, como um obturador, uma roda de chopper ou um espelho giratório colocado no interior da cavidade. A redução das perdas é desencadeada por um evento externo, normalmente um sinal elétrico. A taxa de repetição de impulsos pode, por conseguinte, ser controlada externamente. [4]

Q-switching passivo

Neste caso, o Q-switch é um absorvente saturável, um material cuja transmissão aumenta quando a intensidade da luz excede um determinado limiar. O material pode ser um cristal dopado com iões, como o Cr:YAG, que é utilizado para o Q-switching dos lasers de Nd:YAG. Inicialmente, a perda do absorvedor é elevada, mas ainda assim suficientemente baixa para permitir alguma lasing, uma vez que uma grande quantidade de energia é armazenada no meio de ganho. medida que a potência do laser aumenta, este satura o absorvedor, ou seja, reduz rapidamente a perda do ressoador, de modo a que a potência possa aumentar ainda mais rapidamente. Idealmente, isto leva o absorvedor a um estado com baixas perdas para permitir uma extração eficiente da energia armazenada pelo impulso laser. [4]

2.1.2 Vantagens dos lasers Nd:YAG

Basicamente, dois tipos de lasers, o excimer e o Nd:YAG, são frequentemente utilizados no método de deposição por laser pulsado. A refletividade da maioria dos materiais é muito menor em comprimentos de onda curtos do que em comprimentos de onda infravermelhos longos [5]. Quando a refletividade diminui, podem ser removidas camadas muito finas da superfície do alvo sem aquecimento notável ou alteração dos restos, porque a profundidade de penetração no alvo é correspondentemente reduzida [6]. Por conseguinte, as películas de alta qualidade têm sido preparadas principalmente com um excimer laser. Especialmente o excimer laser KrF é a escolha popular entre a comunidade PLD, porque o seu curto comprimento de onda de 248 nm provoca uma saída de energia laser de impulso elevado [7].

No entanto, o sistema laser Nd: YAG foi utilizado neste estudo porque tem algumas vantagens em relação ao sistema laser de excímero. O tempo de vida do sistema Nd:YAG depende normalmente da fonte de bombagem do laser (uma lâmpada de flash ou um díodo laser). No caso dos lasers de excímero, os enchimentos de gás têm um tempo de vida curto devido ao consumo lento do componente de halogéneo por impurezas resultantes principalmente da degradação dos eléctrodos de descarga e dos pinos de perionização. Este processo gera partículas de poeira constituídas por sais de halogéneo. A remoção adequada destas partículas de poeira é essencial para obter um tempo de vida máximo do gás e longos intervalos de limpeza da ótica [8]. Por conseguinte, o tempo de vida estático do gás (período de tempo necessário para atingir 25

O tempo de utilização do sistema de laser de excímero (que é muito curto em comparação com o sistema de Nd:YAG) é muito curto para reduzir a energia especificada do laser para 50% quando este é utilizado com pouca frequência (até 30 minutos por dia). Um valor típico para o fluoreto de crípton num laser EX50 é de 12 semanas [9].

Os lasers Nd:YAG emitem normalmente luz com um comprimento de onda de 1064 nm no infravermelho [10].

A partir desse comprimento de onda, podem ser geradas saídas a 532, 355 e 266nm utilizando cristais ópticos não lineares: Fosfato de potássio e óxido de titânio (KTP), dihidrogenofosfato de potássio (KDP) e borato de bário e beta (BBO), respetivamente [11].

No entanto, no caso do laser de excímero, a mistura de gases deve ser alterada para obter diferentes níveis de energia, pelo que não é um sistema conveniente. Por outro lado, o sistema Nd:YAG é comparativamente seguro e pouco dispendioso. O sistema laser Nd:YAG pode ser uma técnica eficiente e económica para a produção de condutores revestidos, porque é conveniente e pouco dispendioso.

Os lasers pulsados de Nd:YAG funcionam normalmente no modo de comutação Q, o que conduz a taxas de repetição de impulsos mais baixas, energias de impulsos mais elevadas e durações de impulsos mais longas do que nos lasers de excímero [12]. Os lasers de Nd:YAG bombeados por díodos têm a vantagem de serem compactos e eficientes em relação a outros tipos [13].

2.1.3 Modelo LS-2147 Máquina de deposição a laser pulsada Nd:YAG

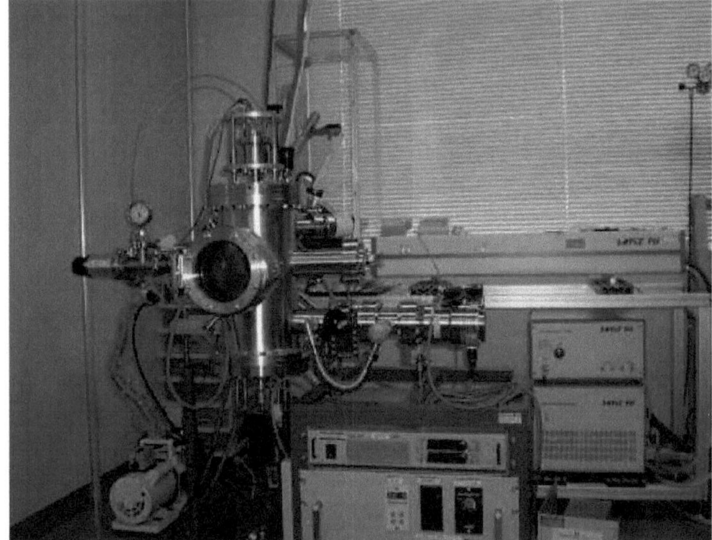

Figura 2.1: Máquina de deposição laser Nd:YAG pulsado modelo LS-2147.

O processo de funcionamento do laser baseia-se na emissão estimulada de fotões a partir do nível laser superior do cristal de Nd^{+3} in YAG excitado por uma lâmpada de bomba pulsante (flash). O modo de funcionamento Q-switch é assegurado por uma célula electro-ótica KDP pockels. A geração de SH é obtida com o corte não linear do cristal KTP para o casamento de fase do tipo II. Os cristais KDP e BBO colocados em fornos com temperatura controlada são utilizados para a geração de TH e FH. A lâmpada de luz nobre da Heraeus ilumina dois bastões de laser Nd:YAG e produz a inversão necessária da população de níveis de energia do Nd^{+3}. A lâmpada e o elemento ativo (AE) são colocados num refletor difuso, que proporciona uma iluminação homogénea de ambos os AE e a filtragem da parte UV da luz de bombagem.

Cabeça de laser (LH)

A cabeça do laser é uma das partes principais do laser, que permite a conversão da energia da bomba eléctrica em radiação laser. Na máquina LS-2147 PLD, o LH é montado no emissor laser (LE). O circuito de disparo e a placa de controlo do interrutor Q também estão aí colocados. Esta disposição do LE permite eliminar os conectores de alta tensão entre o LE e a fonte de alimentação (PS) e aumentar a segurança do laser e simplificar a sua construção. A base do LS-2147, LH é uma câmara especial de bomba laser de haste dupla, que permite trabalhar o oscilador-amplificador com uma fonte de alimentação e um sistema de arrefecimento [14].

Cavidade laser

As partes principais da cavidade laser são o prisma cubo de canto triédrico (Figura 2.2- (5)), os espelhos traseiro (1) e de saída (8). O modo Q-switched é fornecido pelas células pockels

(3) e pelo polarizador de película fina (6). O rotador é utilizado para rodar o plano de polarização após a passagem da radiação laser através do prisma (5). O telescópio de controlo do modo intracavitário (2) desempenha duas funções [14].

- Compensação da lente térmica da AE, que é aproximadamente uma função linear da potência média de entrada da lâmpada de flash.
- Limitar o conteúdo de modo irredutível do feixe

O telescópio amovível (11) é utilizado para aumentar a energia de saída e compensar a lente térmica da haste do amplificador.

Geração de laser de frequência fundamental (FF) e SH

Após a amplificação, a radiação de FF é convertida na luz de SH pelo cristal KTP (13) cortado de acordo com a correspondência de fase do tipo II. O ângulo entre a polarização da radiação FF e SH é de 45^0 . O plano de polarização desejado para as radiações FF e SH é obtido através do rotador (10) feito de cristal de quartzo [14].

Geração TH

Como se mostra na Figura 2.2, quando o espelho (14) está na posição (II), a radiação da bomba (FF e SH) incide no cristal não linear KDP. Uma vez que o cristal é cortado para o casamento de fase do tipo II, a polarização da radiação da bomba FF é vertical (e) e a polarização da SH é horizontal. A radiação do TH (355 nm) é separada do laser FF e SH pelo separador de comprimento de onda (WS) e reflecte apenas o laser TH [14].

Geração FH

Quando o espelho (14) e o espelho (15) estão nas posições (I) e (II), respetivamente, a radiação de bombeamento do SH é direccionada para o cristal BBO (20), que é cortado de acordo com a correspondência de fase do tipo I, convertendo a radiação SH em luz FH com polarização "s". A radiação do FH é separada da luz SH pelo WS (16) mostrado na Figura 2.2. [14]

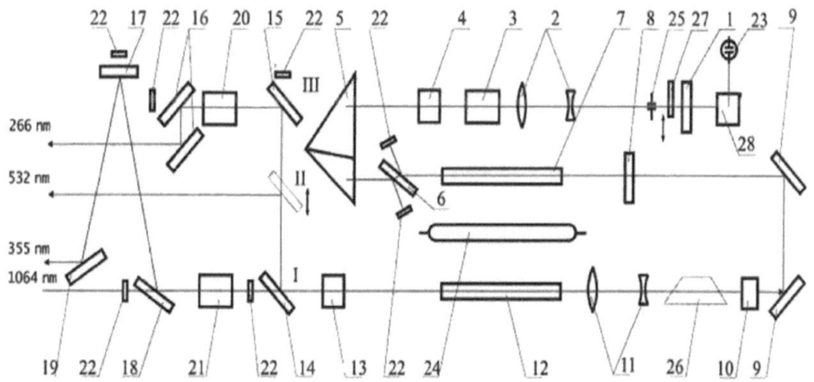

1 - espelho retrovisor R>99,9% (1064nm); 2 - telescópio intracavitário; 3 - célula de Pockels; 4 - rotador; 5 - prisma de cubo de canto;
6 - polarizador; 7 - AE do oscilador; 8 - espelho de saída; 9 - espelhos giratórios; 10 - rotador 45"; 11 - telescópio;
12 - AE do amplificador; 13 - SH cry stal (KIP); 14 - 19 - WS; 20 - FH cristal; 21 - TH cristal; 22 - absorção Citers;
23 - detetor de luz; 24 - lâmpada de flash; 25 - pinhole intracavitário; 26 - prisma Dove (amovível); 27 - obturador;
28 - prisma de ângulo reto.

Tabela 2.1: Especificações da máquina de deposição laser pulsada Nd:YAG LS-2147 [14]

Parâmetro	Válvula garantida
Energia de impulso (mJ), FF	850
SH	480
TH	180
FH	120
Taxa de repetição de impulsos (f), Hz	1; 2; 5; 10
Duração do impulso (FWHM), ns	10-18
Divergência do feixe, mrad	< 0.7
Diâmetro do feixe, mm	< 8
Energia da bomba (Ep), J	< 65
Consumo de energia, W	<1000

Requisitos de potência de entrada	220 V, 50 Hz Monofásico, 10

2.2 Processo de deposição por laser pulsado (PLD)

A ablação por laser é uma técnica de processamento de materiais que é conhecida desde a invenção do laser na década de 1960. Imediatamente após a disponibilização dos primeiros lasers, houve uma vaga de estudos teóricos e experimentais sobre o processo de ablação e, alguns anos mais tarde, foi demonstrado que a radiação laser intensa podia ser utilizada na deposição de películas finas. Esta aplicação da ablação por laser é designada por deposição por laser pulsado (PLD).

Entre o grande número de processos de fabrico de películas finas de materiais, a PLD surgiu como um método único para obter películas finas supercondutoras epitaxiais de óxidos multicomponentes. A primeira deposição bem sucedida de uma película de YBCO foi efectuada em 1987, pouco depois de ter sido comunicada a supercondutividade do material. Um feixe de laser entra numa câmara de vácuo através de uma janela e incide sobre o material alvo a depositar. O impulso laser de 20 a 30 nanossegundos de largura é focado para uma densidade de energia de 1 a 5 J/cm^2 para vaporizar algumas centenas de angstroms de material da superfície. O vapor contém átomos neutros, iões positivos e negativos, electrões, moléculas e iões moleculares, radicais livres do material alvo nos seus estados fundamental e excitado. Estas partículas adquirem uma energia cinética de 1 a 5 eV e movem-se na direção perpendicular ao alvo [15]. Elas

depositar num substrato geralmente aquecido a uma temperatura para fazer crescer uma película cristalina com exatamente a mesma composição que o alvo.

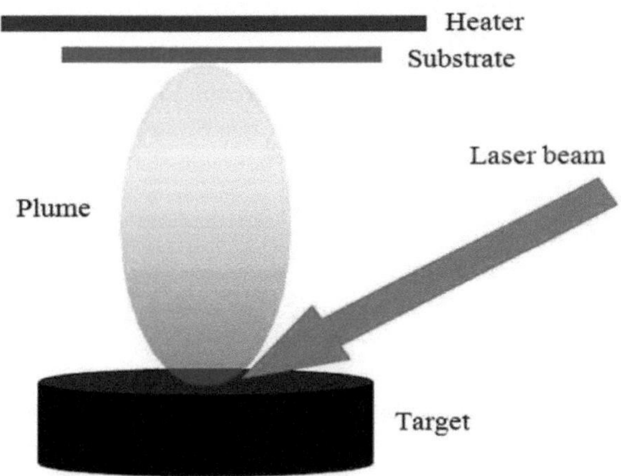

Figura 2.3: Princípio da deposição de laser pulsado

2.2.1 Interação laser-alvo

A interação entre os impulsos de laser e o alvo depende fortemente da intensidade do feixe de laser recebido. Em PLD, a intensidade é da ordem dos $10 - 10^{89}$ W/cm^2 correspondendo a uma duração de impulso de alguns nanossegundos. Por conseguinte, há tempo suficiente para que os impulsos sejam absorvidos, aqueçam a superfície do alvo e, finalmente, conduzam à remoção da matéria. Existem muitos mecanismos diferentes através dos quais a energia pode ser transferida para o alvo e os mais importantes são brevemente discutidos a seguir, sendo o termo pulverização catódica utilizado para descrever os diferentes fenómenos.

2.2.1.1 Sputtering por colisão

O momento do feixe incidente é transferido para o alvo, o que resulta na ejeção de partículas da superfície. Este mecanismo é de grande importância se o feixe de entrada for constituído por partículas maciças, como os iões. No caso dos fotões, a transferência máxima de energia (E_2) é negligenciável, como mostra a seguinte equação [3].

$$E_2 = \frac{E_1^2}{M_2} \times 2.147 \times 10^{-9} + \frac{4M_1\ M_2\ E_1}{(M_1 + M_2)^2} \dots\dots\dots\dots\dots\dots\dots\dots\dots\dots (1)$$

Onde;

E1 é a energia das partículas que chegam, e

M1 e M2 são as massas das partículas que chegam e das partículas alvo, respetivamente.

2.2.1.2 Sputtering térmico

O raio laser absorvido funde e finalmente vaporiza uma pequena área do material alvo. A temperatura da superfície do alvo é tipicamente superior ao ponto de ebulição do material ablacionado, mas as taxas de remoção de material observadas requerem tipicamente temperaturas ainda mais elevadas [3]. Por conseguinte, o mecanismo só pode explicar parcialmente a formação da nuvem de ablação.

2.2.1.3 Sputtering eletrónico

O principal mecanismo de interação de um impulso laser com o alvo. O mecanismo não é um processo único, mas sim um grupo de processos, todos eles com a caraterística comum de envolverem alguma forma de excitações e ionizações. Os fotões incidentes atingem o alvo, produzindo pares eletrão-buraco e excitações electrónicas numa escala de tempo de femtossegundos. Após alguns picossegundos, a energia é transferida para a rede cristalina e, durante o impulso laser, dentro de alguns ns, é atingido um equilíbrio térmico entre os electrões e a rede. Isto leva a um forte aquecimento da rede e, com a irradiação contínua, a uma emissão maciça de partículas a partir da superfície [3].

2.2.1.4 Sputtering hidrodinâmico

O processo em que a superfície do alvo se funde formando pequenas gotículas de material que são finalmente expelidas da superfície [3].

2.2.1.5 Sputtering esfoliativo

Isto acontece quando a fluência no alvo é suficientemente elevada. Devido à ocorrência repetida de choques térmicos e à intensa irradiação laser, a superfície começa a fissurar, uma vez que as tensões térmicas não têm tempo de ser aliviadas por fusão. Como consequência deste tipo de comportamento, forma-se uma superfície irregular com características em forma de cone [3]. Estes cones são considerados como sendo parcialmente responsáveis pelas partículas frequentemente observadas na superfície da película [16]. Para além das partículas, a formação de cones pode também alterar a direção da pluma em direção ao feixe de entrada e diminuir a taxa de deposição de 1 Å/pulso para aproximadamente 0,2 Å/pulso após algumas centenas de impulsos [17].

2.2.2 Efeitos dos parâmetros do processo

2.2.2.1 Fluência laser

Para um material escolhido e um comprimento de onda laser fixo, a fluência do laser no alvo tem o efeito mais significativo no tamanho e densidade específicos. A fluência do laser pode ser variada através da variação da potência do laser ou do tamanho do ponto de laser. Com uma potência laser constante, a densidade do número de partículas é normalmente mais elevada com um foco mais apertado. Em geral, existe um limiar de fluência laser, abaixo do qual as partículas são dificilmente observáveis. Por exemplo, no caso do material YBCO de Tc elevado, a fluência laser limiar para a ocorrência de partículas é de cerca de 0,9 J/cm^2 quando é utilizado um laser excimer de XeCl (308 nm) com uma duração de impulso de 20 ns [18]. Acima do limiar de fluência laser, a densidade do número de partículas aumenta rapidamente com o aumento da fluência.

2.2.2.2 Comprimento de onda do laser

O comprimento de onda do laser tem um efeito significativo no rendimento das partículas ablacionadas. Normalmente, em comprimentos de onda mais curtos (região UV), a refletividade da maioria dos materiais é muito menor do que em comprimentos de onda infravermelhos longos. Quando a refletividade diminui, uma parte maior de um impulso laser é absorvida, o que aumenta o número de partículas pulverizadas. Outra vantagem é que também o coeficiente de absorção é maior na região UV, de modo que a energia do feixe é absorvida numa camada superficial fina e a ablação ocorre de forma mais eficiente [3].

2.2.2.3 Pressão ambiente de oxigénio

O oxigénio ambiente dispersa e atenua a pluma, alterando a sua distribuição espacial, a taxa de deposição e a distribuição da energia cinética das diferentes espécies. Além disso, a dispersão reactiva resulta na formação de moléculas ou aglomerados que são essenciais para a estequiometria e o teor de oxigénio adequados da película. A uma pressão típica de deposição de YBCO (0,2-0,3 mbar de oxigénio), apenas 20 % do material inicialmente ablacionado se condensa no substrato [19]. O aumento da pressão de oxigénio resulta num aumento da fluorescência, na acentuação do limite da pluma e da frente de choque, no abrandamento da pluma em relação à propagação no vácuo e num maior confinamento espacial da pluma [3]. A pressão do oxigénio também influencia o comprimento da pluma e é frequentemente o parâmetro mais fácil de modificar ligeiramente durante a deposição. Os parâmetros do processo têm de ser ajustados de forma a que a ponta da pluma toque no substrato.

2.2.2.4 Distância entre o alvo e o substrato (distância T-S; dTS)

Os efeitos específicos do dTS e da pressão ambiente estão inter-relacionados. Devido ao aumento das colisões entre a pluma produzida pelo laser e o gás de fundo, a dimensão da pluma diminui à medida que a pressão do gás de fundo aumenta.

$$L \alpha \left(\frac{E}{P_0}\right)^{\frac{1}{3\gamma}} \quad\text{...} \quad (2)\ [20]$$

L Comprimento da pluma

E Energia do impulso laser

P_O Pressão do gás de fundo

Razão dos calores específicos dos elementos na pluma

Quando a distância T-S é muito inferior a L, não existe uma diferença significativa no tamanho e na densidade específicos. Quando o substrato se encontra muito para além de L, a adesão do material da película ao substrato é fraca. [20].

2.2.2.5 Temperatura do substrato (Tsub)

No caso das películas PLD-Y123, o crescimento orientado no *eixo a* torna-se dominante com a diminuição de Tsub [21]. Izumi *et al* [22] explicaram o mecanismo da mudança de orientação do *eixo c* para o *eixo a com* base na cinética dos adátomos, nomeadamente, a elevada mobilidade superficial dos adátomos leva à orientação do *eixo c* das películas de Y123 e a baixa mobilidade superficial provoca a orientação do *eixo a*. A Figura 2.4 apresenta um esquema da migração de adátomos na película RE123 (RE= Y, Nd, Sm, etc.). Para o crescimento orientado no *eixo c*, os adátomos de cada elemento devem subir os degraus e migrar uma longa distância antes de encontrarem os seus locais estáveis, enquanto que uma migração de curta distância dos adátomos é suficiente para o crescimento orientado no *eixo a*. Este mecanismo de orientação é consistente com os resultados das películas PLD-Y123 produzidas convencionalmente [23].

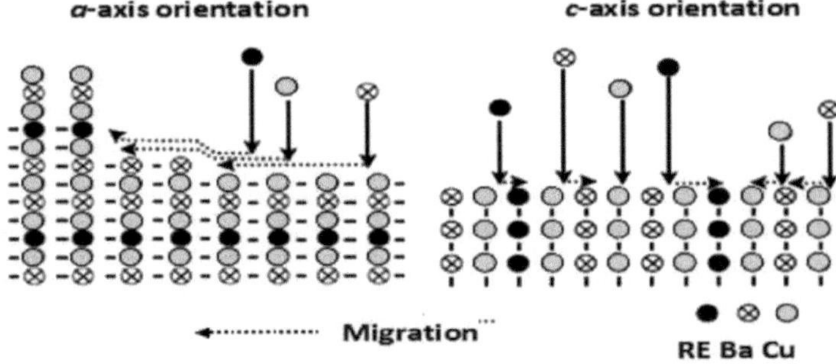

Figura 2.4: Um desenho esquemático do comportamento orientacional em função da mobilidade superficial dos adatomos.

Vantagens

- A película é depositada com a mesma composição que o alvo. Por conseguinte, é fácil controlar a estequiometria da película alterando os constituintes atómicos do alvo.
- A energia no alvo pode ser controlada independentemente da pressão do processo e da mistura de gases.
- O aparelho é simples e permite taxas de deposição elevadas.

Desvantagens

- A deposição por impulsos tem um grande impacto na morfologia da amostra e, normalmente, formam-se gotículas de tamanho micrométrico na superfície da película depositada. [24]
- O PLD limita-se a deposições em pequenas áreas devido à geometria pontiaguda da pluma.

CAPÍTULO 3

Textura e Morfologia da Superfície de Filmes de (Y,Ho)BCO em Substratos de MgO

3.1 Procedimentos experimentais

3.1.1 Preparação de alvos ($Y_{1-x}Ho_x$)BCO

- Os pós de Y_2O_3, Ho_2O_3, BaCO3 e CuO disponíveis no mercado foram cuidadosamente misturados nas proporções desejadas: $x=0$, 0,3, 0,5, 0,7 e 1, utilizando um misturador de bolas normal (pensa-se que a mistura manual utilizando um almofariz e um pilão resultou numa má qualidade do alvo).
- As misturas de pós foram calcinadas a 850°C durante 10 horas e o conteúdo pequeno foi separado de cada amostra calcinada.
- As misturas de pós calcinados foram prensadas em pellets com as dimensões de 30 mm de diâmetro e 5 mm de espessura, aplicando uma pressão de 4,5 kgf/cm^2 utilizando uma prensa hidráulica a óleo.
- As pastilhas e as amostras separadas de pó calcinado foram sinterizadas a 950°C durante 10 horas.

3.1.2 Exame da dependência da relação Y:Ho das constantes de rede

- A difração de raios X em pó (XRD: varrimento Q-$2Q$) foi realizada para um pequeno fragmento de cada amostra de pó sinterizado.

3.1.2.1 Difração de raios X em pó (XRD: 0-20 Scan)

A análise de difração de pó de raios X é um método poderoso através do qual os raios X de um comprimento de onda conhecido são passados através de uma amostra a ser identificada, a fim de identificar a estrutura cristalina. A natureza ondulatória dos raios X significa que são difractados pela estrutura do cristal, dando origem a um padrão único de picos de "reflexões" em ângulos diferentes e de intensidade diferente, tal como a luz pode ser difractada por uma grelha de linhas adequadamente espaçadas. Os feixes difractados por átomos em planos sucessivos anulam-se, a menos que estejam em fase, e a condição para tal é dada pela relação de BRAGG.

$$n\lambda = 2dSin\theta \dots\dots\dots\dots\dots\dots\dots\dots\dots\dots\dots\dots\dots\dots\dots\dots(4)$$

λ, comprimento de onda dos raios X

d, distância entre diferentes planos de átomos na rede cristalina. θ, ângulo de difração.

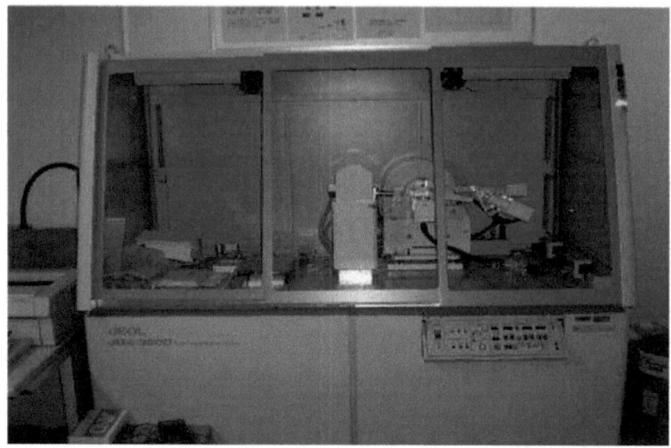
Figura 3.1: Difractómetro de raios X modelo JEOL JDX-3500

O detetor de raios X desloca-se em torno da amostra e mede a intensidade destes picos e a posição dos mesmos [ângulo de difração 2 θ].

Os electrões de 35-40 KeV são dirigidos para um alvo de cobre e são emitidas radiações com os seguintes comprimentos de onda [1].

CuKai -1,540 Å

CuKa2 - 1,544 Å

CuKp - 1.392 Å

Um filtro de folha de Ni é frequentemente utilizado para atenuar a radiação CuKp [1].

Preparação da amostra

O material foi triturado à mão num pilão e almofariz suficientemente fino. Em seguida, colocou-se uma pequena quantidade de pó no suporte da amostra (placa de vidro limpa) e formou-se uma camada, adicionando algumas gotas de etanol. A preparação adequada da amostra permite obter cristalitos corretamente orientados que satisfazem a equação de Bragg para cada valor de d.

Método de funcionamento do difratómetro de raios X

O exame foi efectuado por radiação CuKa e o detetor de raios X foi regulado para se mover na gama de 2 $Q = 5$-$60°$ em incrementos de $0,04°$ com um tempo de contagem de 1 segundo. Os dados foram apresentados no ecrã do computador; a intensidade dos raios X é medida no eixo Y e os valores crescentes de $2Q$ são apresentados no eixo X.

- As válvulas de d_{200} e d_{600} foram calculadas considerando a válvula 2 Q dos picos (200) e (006) que aparecem no XRD: perfil Q-2 Q.

3.1.3 Medição da densidade de energia do laser (FH) (Ed)

- A energia necessária da bomba (< 65J) foi definida no controlo remoto e o laser foi ligado [2].
- Colocou-se um ecrã de papel branco espesso em frente do feixe de laser de saída e tirou-se um ponto queimado.
- A área da mancha foi calculada (A)
- A cabeça do medidor de energia modelo H410D [3] foi colocada em frente do feixe laser de saída (a distância entre o emissor laser e a cabeça do medidor de energia deve ser inferior a 50 cm)

- A posição da cabeça do medidor de energia foi alinhada de forma a que a radiação caísse no centro da cabeça e a válvula de energia (E) fosse registada.
- A densidade de energia laser foi calculada da seguinte forma: Ed = (E / A)

3.1.4 Preparação de substratos para deposição.

- Monocristais de MgO e STO (10 mm   x5 mm) foram utilizados como substratos.
- Os substratos foram imersos em HNO3 1M durante 10 minutos e lavados com água e acetona.
- O tratamento de pré-cozimento foi efectuado a 850 °C durante 6 horas ao ar.

3.1.5 Deposição de película por PLD

Em todas as experiências, foi utilizado um laser FH (comprimento de onda: 266 nm) com uma taxa de repetição de impulsos (f) de 10 Hz e uma duração de impulsos (FWHM) de 18 ns. A velocidade de rotação do alvo de 20 rpm e a distância entre o alvo e a lente de 50 cm foram mantidas constantes. Antes da deposição, a câmara de deposição foi evacuada para 1x 10^{-2} Pa com uma bomba turbo.

3.1.6 Estudo do efeito da temperatura do substrato na qualidade da textura

Neste caso, foi selecionado o alvo YBCO (x = 0). O conjunto de experiências foi efectuado fixando a Tsub no intervalo de 670-790 °C e aumentando-a em 10 °C. Os outros parâmetros do PLD foram mantidos constantes como se segue;

Pressão de O2, P: 20 Pa
Distância T-S, dTS: 5 cm
Densidade de energia, Ed: 2 Jcm-2
Tempo de deposição, t : 30 min

3.1.6.1 Análise da orientação do eixo c A orientação do eixo c das películas preparadas foi avaliada por meio de XRD: varrimento *0-20*. (Foi seguido o procedimento mencionado na secção 3.1.2.1).

3.1.6.2 Análise da textura no plano

A textura possui um elevado grau de texturização no plano, quando o ângulo de má orientação, *0,* é muito pequeno.

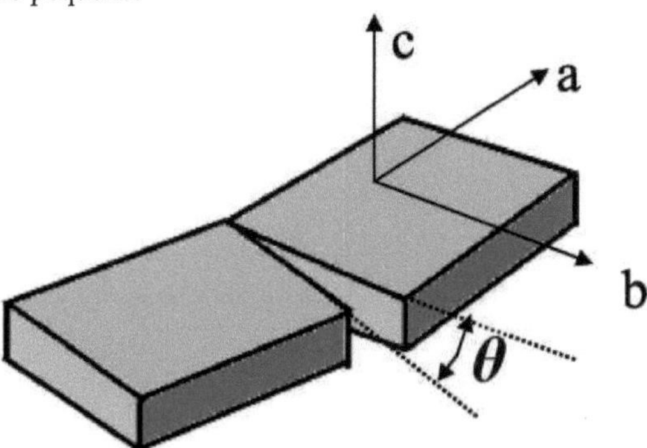

Figura 3.2: Grãos mal orientados no plano.

- A texturização no plano foi avaliada nas amostras de YBCO preparadas através da realização de uma análise XRD *0* em torno do plano YBCO (103).

  - Os parâmetros foram definidos como *20=32,5°* (2Q, corresponde ao plano (103) do YBCO) e

a=45 (Figura 2.5) A velocidade de rotação do suporte da amostra foi ajustada em 0,5°/seg.

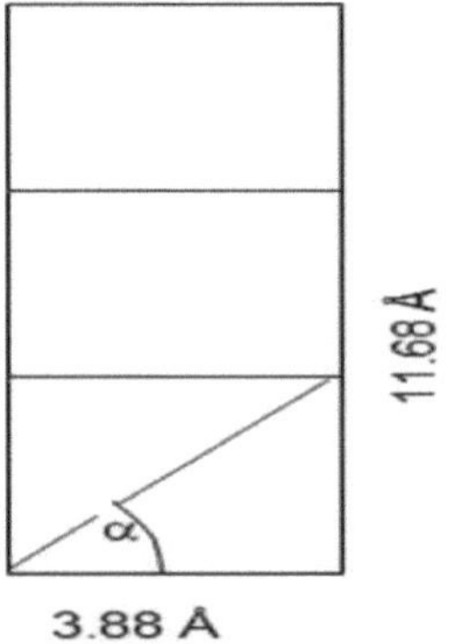

Figura 3.3: Vista lateral simples da estrutura cristalina do YBCO

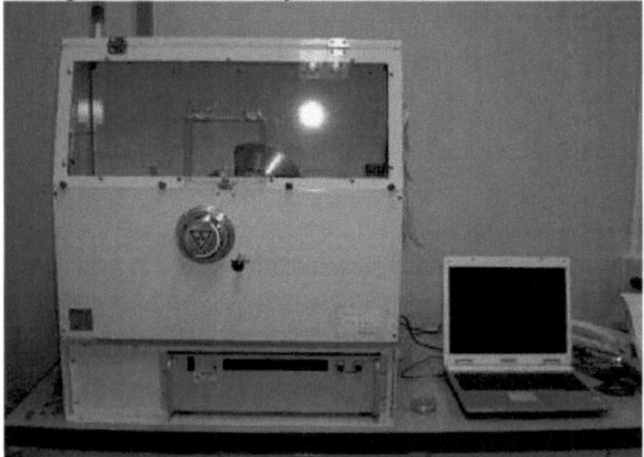

Figura 3.4: Difractómetro de raios X utilizado para avaliação da textura no plano.

3.1.7 Estudo da influência da distância T-S e da pressão de O2 na qualidade da textura

As películas finas de YBCO (*x=0*) foram depositadas em substratos de MgO, fixando a distância T-S, dTS, em 40 a 50 mm e alterando a pressão do gás oxigénio, *P*, na gama de 16-26 Pa. Outros parâmetros de PLD foram mantidos constantes como se segue;

Densidade de energia, Ed : 2 Jcm⁻²

Densidade de energia, Ed :   2 Jcm^{-2}

Tempo de deposição, *t* :   30 min

Temperatura do substrato, Tsub : 757 °C

A qualidade da textura das películas preparadas foi avaliada por meio de XRD: varrimento *Q-2Q*. (Foi seguido o procedimento mencionado na secção 3.1.2.1).

3.1.8 Estudo da influência da distância T-S e da densidade de energia na qualidade da textura

Foi realizado um conjunto de experiências para preparar películas de YBCO ($x=0$) em substratos de MgO, fixando dTS em 40 a 50 mm e alterando Ed na gama de 1,7-2,3 Jcm^{-2} .

Outros parâmetros do PLD foram mantidos constantes, como se segue;

Tempo de deposição, t :30 min

Temperatura do substrato, Tsub:757 °C

Pressão de O2, P:20 Pa

A qualidade da textura das películas preparadas foi avaliada por meio de XRD: θ-2θ scan. (O procedimento mencionado na secção 3.1.2.1).

3.1.9 Observação da morfologia da superfície

O microscópio eletrónico de varrimento (MEV) é um tipo de microscópio eletrónico que capta imagens da superfície de uma amostra, varrendo-a com um feixe de electrões de alta energia num padrão de varrimento rasterizado. Os electrões interagem com os átomos que constituem a amostra, produzindo sinais que contêm informações sobre a morfologia e a composição da superfície da amostra. Os tipos de sinais produzidos por um SEM incluem electrões secundários, electrões retrodispersos (BSE), raios X característicos, luz (luminescência catódica), corrente da amostra e electrões transmitidos.

Preparação da amostra

As amostras não condutoras tendem a carregar-se quando são varridas pelo feixe de electrões, o que provoca falhas na varredura. Por conseguinte, as amostras de películas finas não condutoras foram revestidas com um revestimento de ouro ultrafino utilizando o revestimento fino modelo JFC-1200. (O revestimento é depositado na amostra pelo método de pulverização catódica a baixo vácuo)

- A superfície da película com partículas dispersas foi observada por meio da máquina SEM modelo JEOL JSM-5310 (Figura 3.5).
- A densidade de partículas de cada película foi calculada através da contagem do número de partículas, utilizando um programa informático.

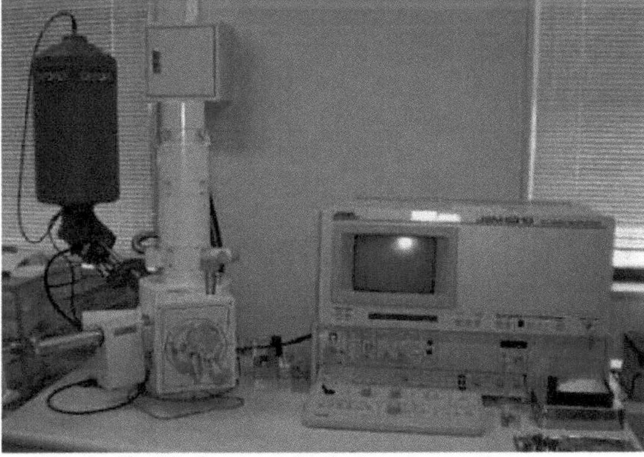

Figura 3.5: Difractómetro de raios X utilizado para avaliação da textura no plano.

3.2 Resultados e discussão
3.2.1 Dependência da relação Y/HO das constantes de rede

As amostras de $x=0$ (YBCO) podem ser sintetizadas com uma estrutura cristalina variável, dependendo do teor de oxigénio. Isto é denotado pelo (z) na fórmula química, $YBa_2Cu_3O_z$. Para $z > 6,6$, formam-se cadeias Cu-O ao longo do eixo b do cristal e o alongamento do eixo b altera a estrutura para ortorrômbica [4]. Quando $z \sim 7$, as propriedades supercondutoras óptimas ocorrem com parâmetros de rede de $a = 3,8227$ A, $b = 3,8872$ A e $c = 11,6800$ A [5]. Este estudo examinou a dependência da relação Y:Ho das constantes de rede. Um pequeno fragmento de cada alvo ($x=0$, 0,3, 0,5, 0,7 e 1) foi pulverizado e sujeito a medições de XRD em pó. Os parâmetros a e $c/3$ (b é quase igual a $c/3$) das amostras de pó com diferentes valores de x foram calculados através de XRD: perfil Q-2 Q considerando os picos 200 e 006 (Figura 3.6). Os resultados mostraram que todas as amostras não estavam totalmente oxidadas e que a sua estrutura cristalográfica era tetragonal. De acordo com a figura 3.6, a relação Y:Ho não afecta as constantes de rede. Isto deve-se ao facto de o Y^{3+} e o Ho^{3+} terem quase o mesmo valor de raio iónico com uma coordenação de 8 vezes (Y^{3+} : 0,1019 nm, Ho^{3+} : 0,1015 nm [6]).

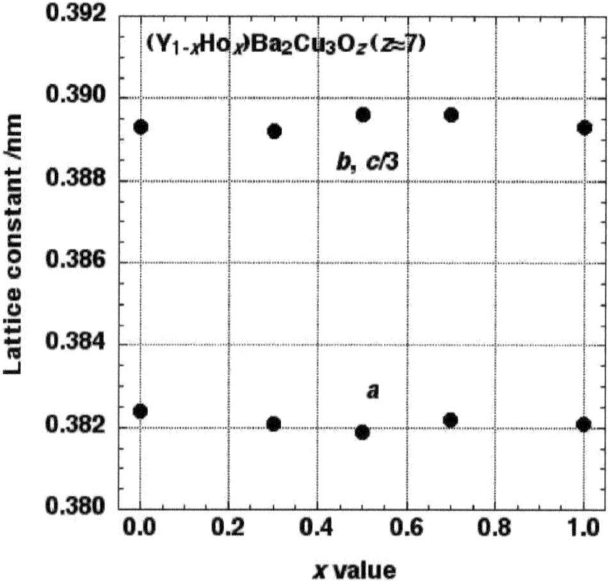

Figura 3.6: Dependência do rácio Y/Ho das constantes da rede

3.2.2 Qualidade da textura de filmes de (Y,Ho)$Ba_2Cu_3O_z$

Os condutores revestidos com REBCO, as chamadas fitas supercondutoras de segunda geração, que se baseiam na tecnologia de película fina REBCO, também têm grandes aplicações [7] no transporte de grandes correntes supercondutoras. De acordo com este ponto de vista, a densidade de corrente crítica (J_c) é a caraterística mais importante das películas finas supercondutoras. A textura no plano desempenha um papel significativo no aumento de

Jc. No caso das películas finas de YBCO, para obter uma Jc elevada, é necessário um ângulo de má orientação no plano, $Q < 10°$ [8].

São depositados dois tipos de películas de REBCO orientadas para o eixo c em substratos monocristalinos de (100) MgO; textura {001}<100> em que os planos {001} do REBCO e do MgO estão alinhados na mesma direção de <100> (configuração "cubo sobre cubo") e textura {001}<110> que contém planos {001} do REBCO rodados 45° em relação à direção de <100> (configuração "45° rodado"). Todas as películas com diferentes valores de x são altamente orientadas para o eixo c (Figura 3.7). A Figura 3.8 apresenta os perfis de XRD *0-scan* para as películas depositadas utilizando os parâmetros "optimizados" (Tabela 3.1), que mostram claramente que todas as películas "optimizadas" têm uma textura no plano suficiente, exceto para $x=0,7$. Nesta película, os grãos "cubo sobre cubo" são dominantes, mas também se encontram algumas quantidades de grãos "rodados a 45°".

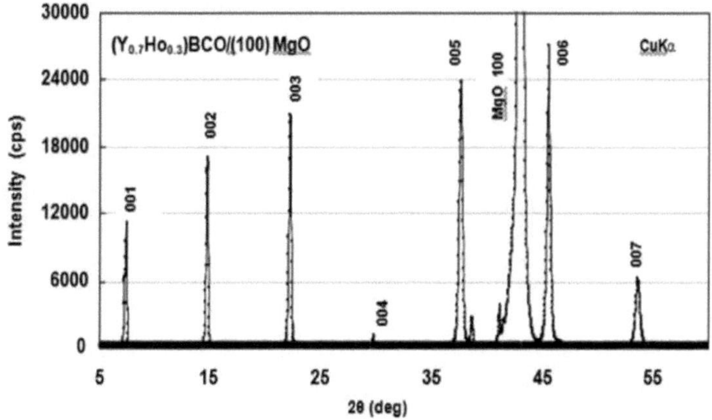

Figura 3.7: XRD: varrimento 0-20 para a amostra x= 0,3

Figura 3.8: Perfis de varrimento 0 de XRD para amostras de x=(a) 0, (b) 0,3, (c) 0,5, (d) 0,7 e (e) 1. preparadas em substratos monocristalinos de MgO

Tabela 3.1Parâmetros PLD optimizados para filmes de $(Y_{1-x}Ho_x)Ba2Cu3Oz$ em substratos de MgO 100

Composição	$x = 0$	$x = 0.3$	$x = 0.5$	$x = 0.7$	$x = 1$
Temp. do substrato T_{sub} (°C) 757	762	770	776	783
Pressão de O2, P (Pa) 20	20	22	22	20
Distância T-S, d_{TS} (mm) 45	45	45	50	50
Densidade de energia, E (Jcm^{-2})2.0	2.0	2.0	1.9	1.9
Tempo de deposição, t (min) 30	30	30	30	30

Como se pode ver na Tabela 3.1, o T_{sub} é o parâmetro mais importante na preparação de películas orientadas para o eixo c com configuração cubo sobre cubo e deve ser aumentado com o teor de Ho. Uma razão óbvia para esta alteração no T_{sub} é o elevado peso atómico do Ho (164,93) em relação ao Y (88,91). É necessária mais energia cinética para os átomos de Ho se moverem em direção ao aglomerado [9,10] na superfície do substrato.

3.2.3 Influência da inter-relação entre a distância T-S e a pressão de oxigénio na qualidade da textura

Uma vez que é empiricamente bem conhecido que a qualidade da textura depende fortemente da distância entre o topo da pluma e o substrato, d_{TS} é um parâmetro significativamente importante e deve ser optimizado de acordo com a dimensão da pluma que é, no entanto, diretamente afetada por p e E. Devido ao aumento do número de colisões entre o impulso laser e o gás de fundo, a dimensão da pluma diminui à medida que p aumenta [11]. O aumento de E produz uma pluma mais longa porque a velocidade inicial das partículas é mais elevada [12,13]. Assim, entre os vários parâmetros de PLD, a Fig. 3.9(a) resume especialmente a influência de d_{TS} e p na qualidade da textura para os filmes de $x=0$ (YBCO). Outros parâmetros, para além de d_{TS} e p, foram mantidos constantes nos valores óptimos indicados na Tabela 3.1. A película de YBCO ($x=0$) foi selecionada porque os resultados experimentais actuais mostraram que a relação Y:Ho não afecta a qualidade da textura. É mostrado que p relativamente baixo tende a resultar em filmes orientados para o eixo a, nos quais <001> de YBCO é paralelo à superfície do substrato, enquanto a quantidade de grãos orientados para o eixo c aumenta à medida que p aumenta. Na nossa configuração experimental, os valores de p de 20 e 22 Pa com valores de d_{TS} de 45 mm foram seleccionados como as combinações mais eficazes para a preparação de películas de YBCO orientadas para o eixo c.

3.2.4 Influência da inter-relação da distância T-S e da densidade de energia na qualidade da textura

Foi estudada a inter-relação entre a distância T-S e a dependência da densidade de energia laser da qualidade da textura das películas de YBCO ($x=0$). A Fig. 3.9(b) resume especialmente a influência da dTS e da E para as películas de $x=0$. Mostra-se que uma E elevada tende a produzir películas orientadas para o eixo a, enquanto a quantidade de grãos orientados para o eixo c aumenta à medida que a E diminui. E de 2 Jcm^{-2} com dTS de 45 mm foi selecionada como a melhor combinação para preparar películas de YBCO orientadas para o eixo c. O comprimento da pluma correspondente a estas combinações foi estimado em cerca de 35 mm.

3.2.6 Exame da morfologia da superfície

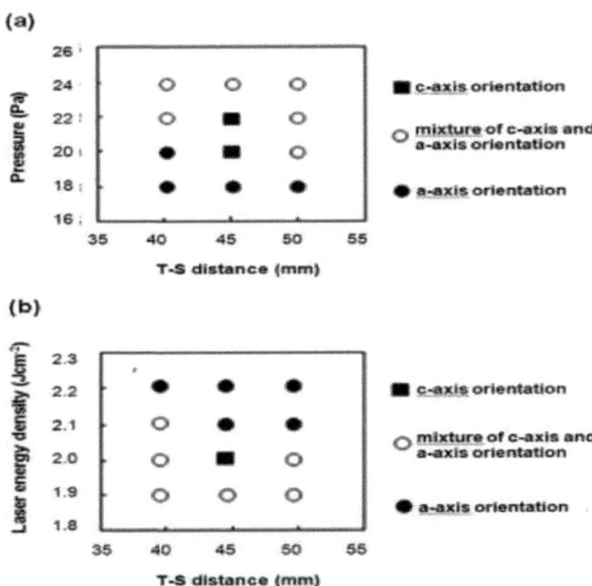

Figura 3.9: Influência de (a) dTS e p e (b) dTS e E na qualidade da textura.

Estudos anteriores demonstraram que a formação de precipitados é muito sensível às condições de PLD [14]. É necessária uma saída de laser homogénea e uniforme para um trabalho de deposição de boa qualidade. Os pontos quentes e os desvios da uniformidade podem resultar em películas não estequiométricas, bem como na formação de partículas indesejáveis. Do ponto de vista da aplicação em dispositivos electrónicos, a presença de precipitados é um dos principais obstáculos ao fabrico de junções túnel Josephson. Mas a nossa intenção é alargar este trabalho ao fabrico de condutores revestidos. Por conseguinte, o controlo suficiente da formação de precipitados é adequado para condutores revestidos. Estas partículas podem ser classificadas em dois tipos principais: pequenas gotículas (tamanho típico de 0,2-3 pm) e grandes partículas de forma irregular (diâmetros até mais de 10 pm) [15].

Neste estudo, a morfologia da superfície das películas preparadas foi analisada utilizando um microscópio eletrónico de varrimento (SEM). Foi claramente observado que pequenas gotículas de 0,2- 0,8 pm foram depositadas na superfície do filme de todas as amostras: $x=0$, 0,3, 0,5, 0,7 e 1 (Figura 3.10-3.14). A densidade de partículas foi calculada através da contagem do número de partículas, utilizando um software de computador. Foram utilizadas cinco fotografias SEM com a mesma ampliação para cada amostra e as densidades de partículas das amostras foram calculadas como se mostra na tabela 3.2.

Tabela 3.2: Densidade de partículas das películas de (Y1-xHox)Ba2Cu3Oz

Composição	$x = 0$	$x = 0.3$	$x = 0.5$	$x = 0.7$	$x = 1$
Densidade das partículas P x105 cm^{-2}	84	126	133	139	95

Esses resultados revelaram que as densidades das partículas de todas as amostras eram praticamente as mesmas que as das películas PLD-YBCO fabricadas com excimer laser ArF (ver Fig.1 na Ref.[10]). Entre estas amostras, $x=0$ (YBCO) e $x=1$ (HoBCO) apresentaram densidades de partículas inferiores às das outras amostras, mas a razão exacta para esta diferença ainda não foi revelada. No entanto, acredita-se que estas partículas tenham tido origem em duas fontes. Uma delas são as gotículas que vêm diretamente do alvo devido ao processo explosivo de ablação por laser [16, 17]. A outra são os precipitados segregados da matriz de YBCO devido a uma estequiometria incorrecta [18]. Por conseguinte, precipitados como o CuO e o BaCuO2 [19] podem ter sido depositados na película.

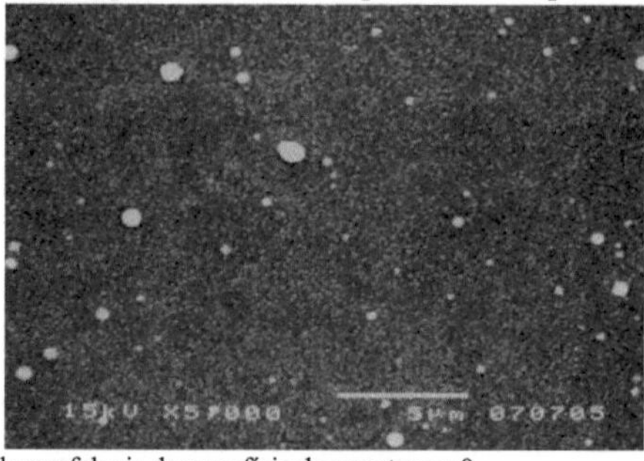

Figura 3.10: Imagem SEM da morfologia da superfície da amostra x= 0.

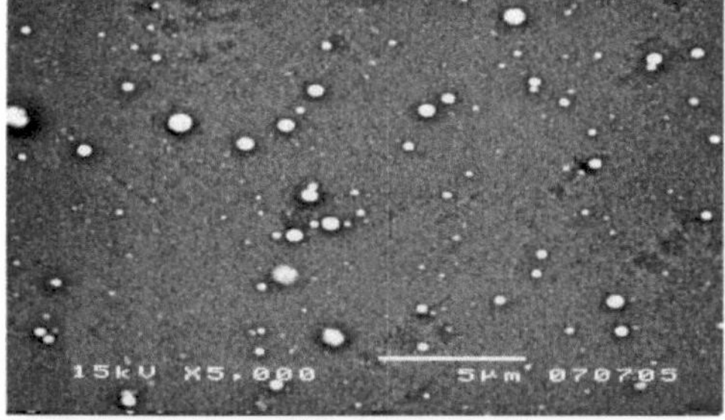

Figura 3.11Imagem MEV da morfologia da superfície da amostra x= 0,3.

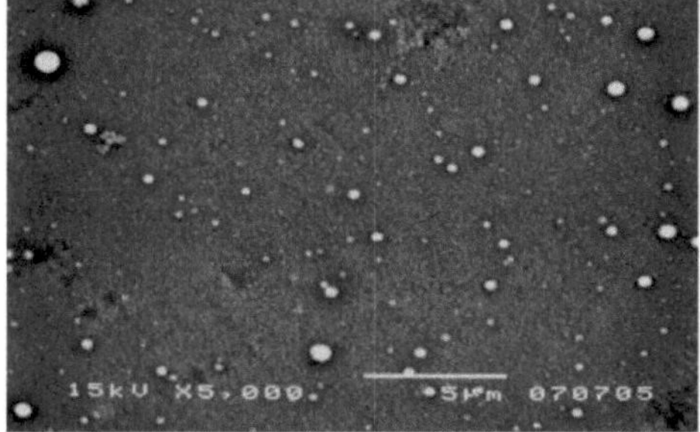

Figura 3.12: Imagem SEM da morfologia da superfície da amostra x= 0,5

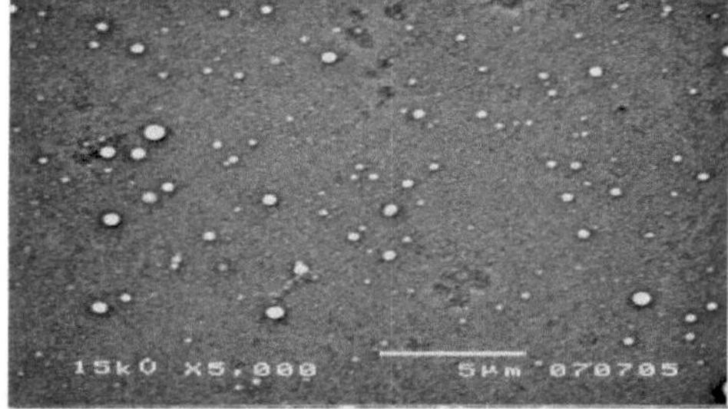

Figura 3.13 Imagem SEM da morfologia da superfície da amostra x= 0,7

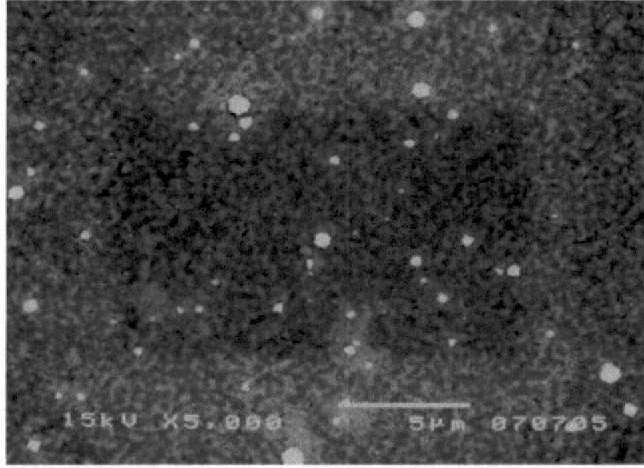

Figura 3.14: Imagem SEM da morfologia da superfície da amostra x= 1

CAPÍTULO 4
Características de corrente dos filmes de (Y,Ho)BCO sobre substratos de STO

4.1 Procedimentos experimentais

4.1.1 Analisar a qualidade da textura

A orientação do eixo c e a textura no plano foram avaliadas por XRD: varrimento Q-$2Q$ e *varrimento 0* (em torno do plano (Y,Ho)BCO (102)), respetivamente, seguindo os procedimentos explicados nas secções 3.1.2.1 e 3.1.6.2.

4.1.2 Realização do tratamento de recozimento com oxigénio

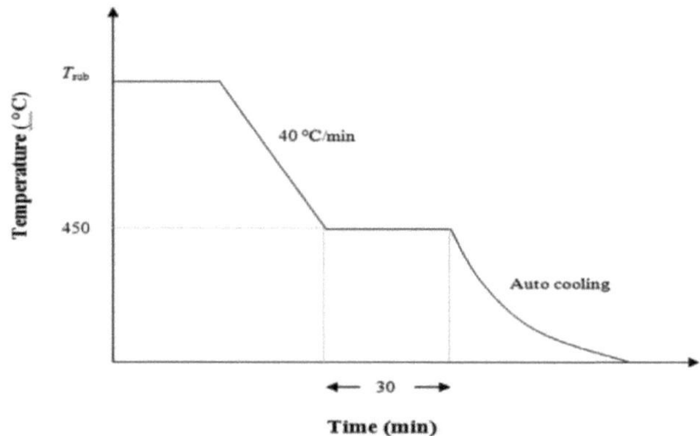

Figura 4.1: Perfil de recozimento - câmara PLD.

Após a conclusão do processo de deposição, o recozimento com O2 foi efectuado no interior da câmara de deposição seguindo o perfil apresentado na Figura 4.1.

A temperatura de recozimento e o tempo de imersão a essa temperatura foram ajustados até se obter o perfil de recozimento ótimo que dá o *Tc* mais elevado. Durante o processo de recozimento, a pressão de O2 foi mantida a 105 P

4.1.3 Medição da temperatura crítica (Tc)

- Foram fixados quatro fios de ouro à amostra para fazer terminais de corrente e tensão. (Figura 4.2)
- A amostra foi colocada no equipamento que permite fornecer a corrente e medir a tensão, como mostra a Figura 4.3
- O circuito foi verificado quanto à lei de Ohm.
- A câmara interior foi preenchida com gás He e o vácuo foi mantido como camada isolante.
- A corrente aplicada constante foi fixada em 1mA.
- A temperatura do gás He foi reduzida até 50 K utilizando o frigorífico e novamente deixada aumentar a temperatura.
- Os dados (tensão e temperatura) foram registados ao reduzir e aumentar a temperatura.
- Ao traçar a curva de Tensão (V) vs Temperatura (K), obteve-se *Tc* (temperatura

correspondente ao aumento rápido da tensão).

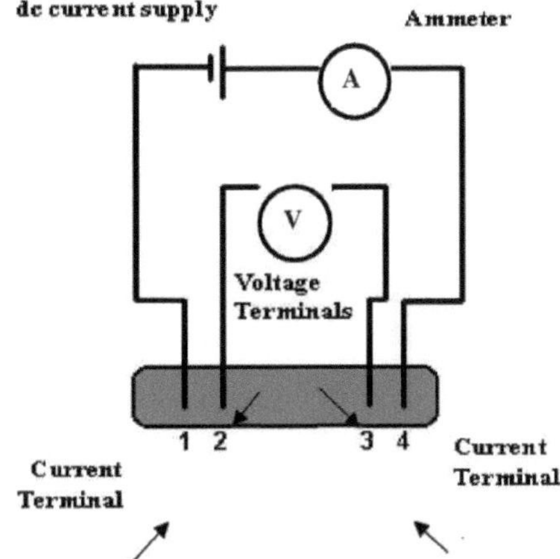

Figura 4.2: Terminais de corrente e tensão da amostra.

Figura 4.3: Regulação da amostra para fornecer corrente e tensão.

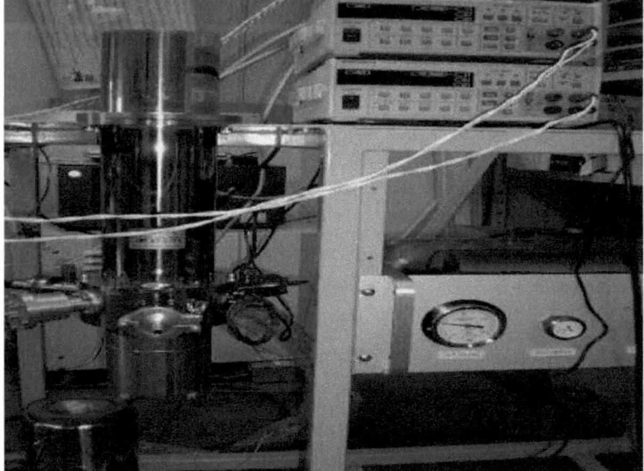

Figura 4.4: Máquina de medição da resistividade

Medição da corrente crítica (Ic)

- A modelação da amostra com gravação a laser foi efectuada como se mostra na Figura 4.5

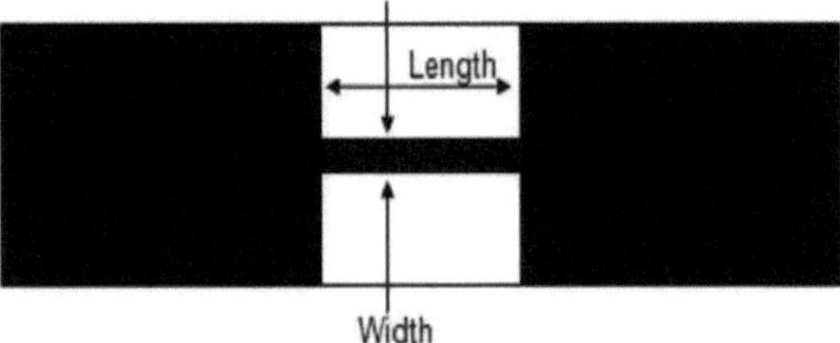

Figura 4.5: Desenho esquemático da amostra modelada

Tabela 4.1: Dimensões da ponte das amostras modeladas

Número da amostra	Composição	Dimensão atual da ponte	
		Largura $[\mu m]$	Comprimento $[\mu m]$
1	x=0	108.3	1291.7
2	x=0.3	104.2	1074.1
3	x=0.5	97.4	1229.4
4	x=0.7	116.3	1433.4
5	x=1	112.2	1231.9

- *Ic* foi medido a 77,3 K para uma ponte estreita em amostras modeladas utilizando o método padrão de quatro sondas.
- Para estas experiências foi utilizado o critério de 10 uV/cm.

4.1.5 Observação da secção transversal do filme

- A espessura da película foi medida utilizando as imagens da secção transversal obtidas pelo microscópio eletrónico de varrimento de emissão de campo (FE-SEM) modelo JSM-740IF. Antes da observação, as amostras foram preparadas conforme explicado na secção 3.1.9.

Microscópio Eletrónico de Varrimento por Emissão de Campo (FE-SEM) JSM-740IF

Trata-se de um SEM de resolução ultra elevada, que utiliza um canhão de electrões de emissão de campo (FE) como fonte de electrões e uma lente objetiva magnética altamente excitada com baixa aberração. Este instrumento incorpora novas tecnologias, tais como o método do feixe suave (modo GB) e o filtro r, etc., que permitem controlar os electrões incidentes que expõem a superfície da amostra e os electrões adquiridos, que são partes dos electrões emitidos pela superfície da amostra. O desenvolvimento do método do feixe suave, da lente objetiva cónica e do canhão de electrões FE de eléctrodos cónicos permitiu aumentar drasticamente o poder de resolução da imagem a baixas tensões de aceleração; este instrumento atinge uma resolução de 1,5 nm a uma tensão de aceleração de 1 kV. [1]

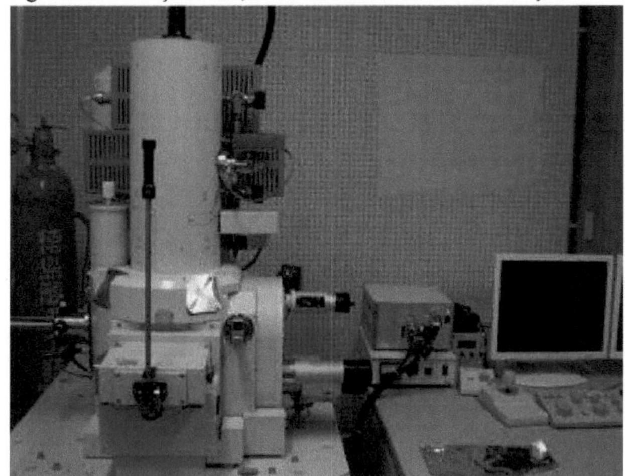

Figura 4.6: Microscópio eletrónico de varrimento por emissão de campo (FE-SEM) modelo JSM-740IF.

4.2 Resultados e discussão

1 Qualidade da textura

100 0) SrTiO3 (STO) foram utilizados para depositar as películas de $(Y,H)_{Ba2Cu3Oz}$ porque os relatórios de investigação [2,3] mostraram que um pequeno desajuste (Tabela 1.1) entre o YBCO e o monocristal de STO provoca uma melhor qualidade cristalina e o desenvolvimento de propriedades intrínsecas de fixação.

Foram preparadas películas finas altamente orientadas para o eixo c para composições variáveis de $(Y_{1-x}Ho_x)_{Ba2Cu3Oz}$, $x=0$, 0,3, 0,5, 0,7 e 1, optimizando as condições de PLD, tal como mencionado na Tabela 4.2. No entanto, todas as películas continham configurações "cubo sobre cubo" e uma pequena quantidade de configurações "com rotação de 45°". (A configuração "cubo sobre cubo" é predominante). As figuras 4.7 e 4.8 mostram os perfis XRD Q-2 Q e *0-scan* para a amostra $x=0$,3, respetivamente. O XRD *0-scan* foi efectuado em torno dos planos $(Y_{1-x}Ho_x)$BCO (102) porque, no caso dos substratos STO, o perfil *0-scan* em torno dos planos (103) dá apenas 4 picos fortes com um intervalo de 90° devido aos parâmetros de rede quase semelhantes dos monocristais YBCO e STO [4,5].

Tabela 4.2: Parâmetros PLD optimizados para filmes de (Y1-xHox)BCO em substratos STO

Composição	x=0	*x=0.3*	*x=0.5*	*x=0.7*	*x* =1
*Temp. indicada (°C) [840]	840	850	857	865
Pressão de O2 (Pa) 45	45	45	45	45
Distância T-S (cm) 37	37	37	37	37
Densidade energética (Jcm^{-2}) 1,8	1.8	1.8	1.8	1.8
Tempo de deposição (min) 20	20	20	20	20

101   A temperatura apresentada na máquina PLD (T_s é inferior a esta válvula). A relação entre T_s e a temperatura apresentada ainda não foi detectada.)

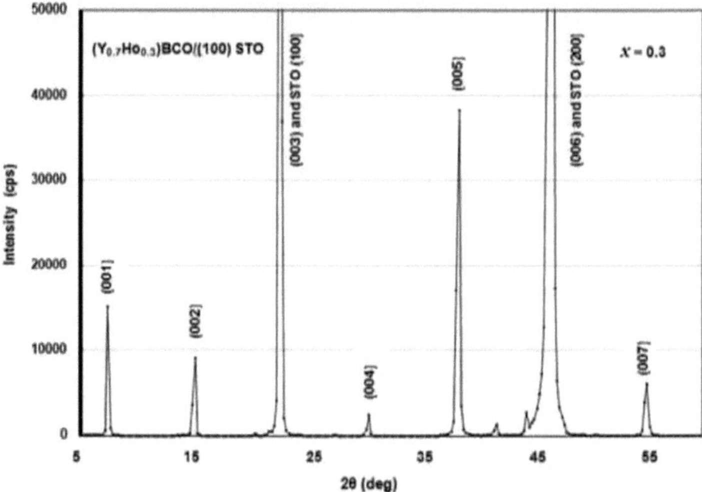

Figura 4.7: XRD: varrimento 0-20 para a amostra x= 0,3

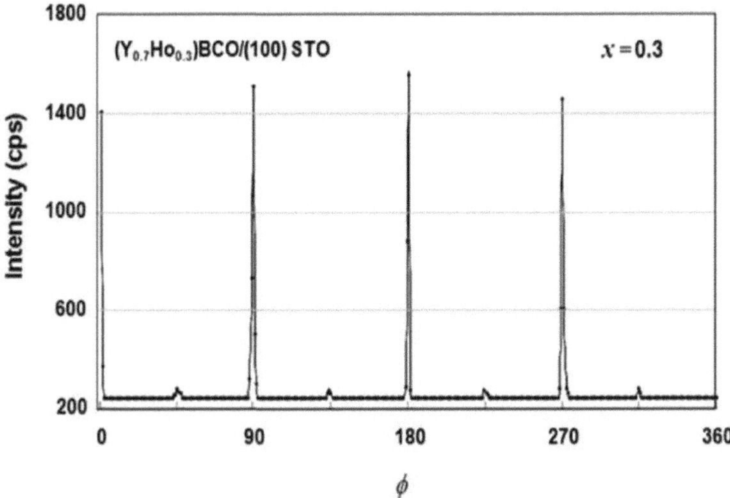

Figura 4.8: Perfil de varrimento 0 do XRD para a amostra de x= 0,3 preparada num substrato monocristalino de STO

4.2.2 Medições de temperatura crítica

As Figuras 4.9-4.13 mostram a dependência da temperatura da resistividade das películas de ($Y_{1-x}Ho_x$)BCO depositadas em substratos monocristalinos de (100) STO [6-9]. De acordo com os resultados experimentais, as válvulas *Tc* foram obtidas na gama de 87-90 K (Tabela 4.3) sob a condição óptima de recozimento O_2 de 450 °C a 30 min. As espessuras das películas foram medidas utilizando imagens de secções transversais (Figura 4.14) obtidas por FE-SEM [10] para calcular a resistividade. As espessuras de todas as películas variaram entre 200 nm e 250 nm (Tabela 4.3), e a taxa média de deposição da película foi calculada em 11 nm/min. Verificou-se que, no recozimento com O2 [11], a temperatura de recozimento e o tempo de imersão a essa temperatura afectam crucialmente o *Tc*.

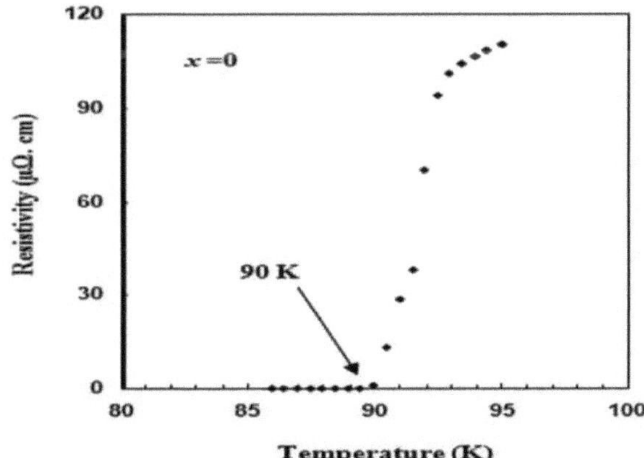

Figura 4.9: Dependência da temperatura da resistividade para a amostra x=0

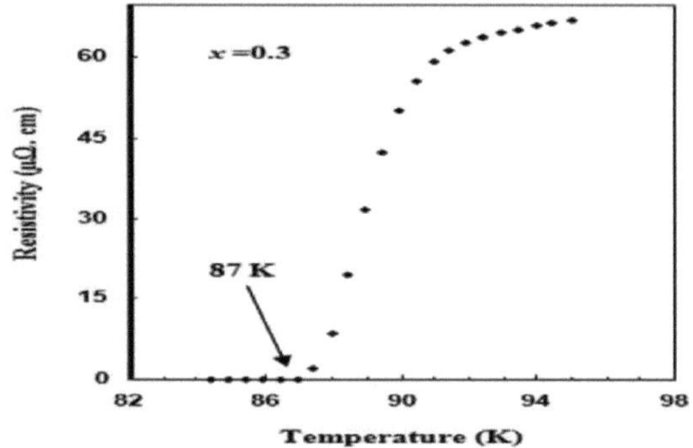

Figura 4.10: Dependência da temperatura da resistividade para a amostra x=0,3.

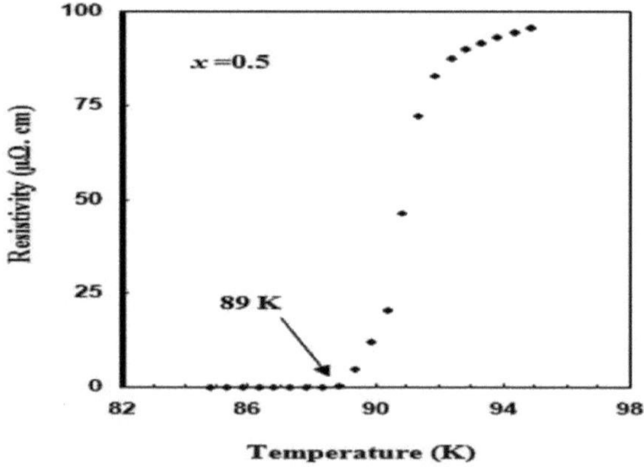

Figura 4.11: Dependência da temperatura da resistividade para a amostra x=0,5.

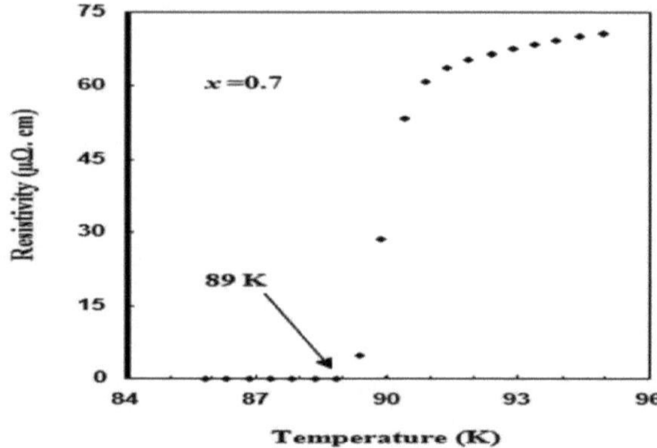

Figura 4.12: Dependência da temperatura da resistividade para a amostra x=0,7.

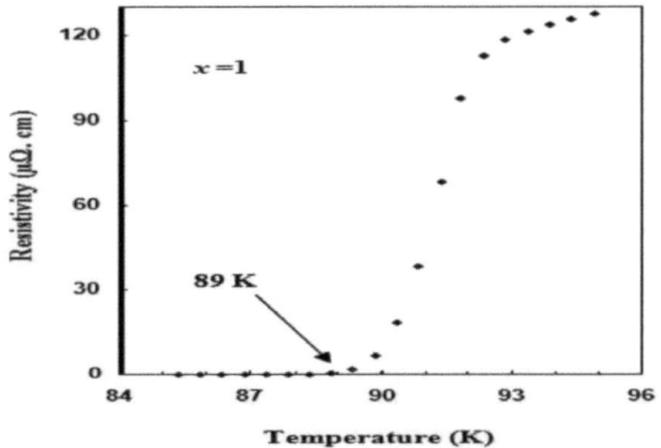

Figura 4.13: Dependência da temperatura da resistividade para a amostra $x =1$.

Figura 4.14: Imagem da secção transversal FE-SEM da amostra x=0,3.

4.2.3 Medições de densidade de corrente crítica

Tabela 4.3: Tc e espessura para películas de (Y1-xHox)BCO em substratos STO.

Composição	$x = 0$	$x = 0.3$	$x = 0.5$	$x = 0.7$	$x = 1$
Tc (K)	90	87	89	89	89
Espessura (nm)	250	200	200	250	200

Ic e Jc das películas de ($Y1-xHox$)BCO depositadas em substratos monocristalinos de (100)

STO são apresentados na Tabela 4.4.

Tabela 4.4: Ic e Jc das películas de (Y1-xHox)BCO em substratos STO

Composição	$x = 0$	$x = 0.3$	$x = 0.5$	$x = 0.7$	$x = 1$
Ic (mA) ;77,3 K, campo próprio	310	316	27	367	186
Jc MA/cm^2	1.20	1.45	0.14	1.26	0.83

O *Jc* em películas epitaxiais de REBCO depende fortemente da espessura da película. Vários relatórios revelam que a nanoestrutura das películas epitaxiais de REBCO depositadas por laser pulsado evolui durante o crescimento devido à elevada mobilidade de deslocações, o que resulta na degradação do *Jc* com o aumento da espessura da película [12,13]. Por conseguinte, neste trabalho foi dada atenção ao fabrico de películas com menor espessura, variando estas entre 200 nm e 250 nm.

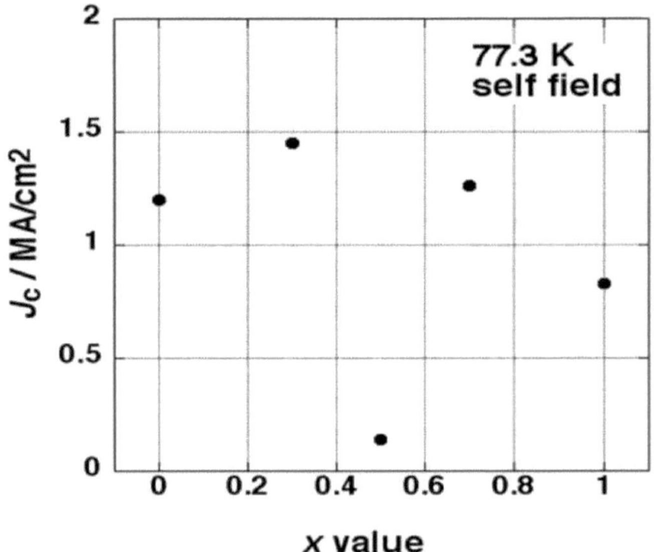

Figura 4.15: Dependência do rácio Y/Ho da densidade da corrente crítica (Jc)

Os valores de *Jc* foram medidos em cerca de 1 MA/cm^2 (0,8-1,5 MA/cm^2), exceto para *x=0,5*. Este *Jc* extremamente baixo de *x=0,5* pode ser causado por algum erro experimental, como uma falha no recozimento com oxigénio. O valor mais elevado de *Jc* foi de cerca de 1,5 MA/cm^2 para a película de *x=0,3*. No entanto, estes resultados mostraram que *Jc* não tem uma relação exacta com a relação Y:Ho, como se pode ver na figura 4.15.

Capítulo 5
Perspectivas futuras

Os fios supercondutores de alta temperatura de segunda geração (2G) baseados no condutor revestido REBCO têm estado a ser desenvolvidos a nível mundial e estão a caminho da aplicação comercial. Neste estudo, foi aplicado ao processo PLD um laser de impulsos Nd:YAG com Q-switched melhorado, com o objetivo final de fabricar condutores revestidos rentáveis. Na produção de condutores revestidos a partir de compostos supercondutores de alta temperatura, REBCO, é necessária uma textura cristalográfica biaxial para otimizar as propriedades de transporte de corrente, uma vez que os limites de grão de ângulo elevado actuam como "elos fracos" e reduzem substancialmente o J_c. Utilizando um laser de impulsos Nd:YAG de quarta harmónica (radiação UV de 266 nm), foram preparadas com êxito películas de textura biaxial (Y,Ho)$_{Ba2Cu3Oz}$ em substratos monocristalinos de (100)MgO e (100)STO, optimizando os parâmetros PLD.

De acordo com os resultados experimentais, não se registaram alterações nas constantes de rede do $(Y1-xHox)_{Ba2Cu3Oz}$ com a relação Y:Ho. Além disso, foi revelado que a relação Y:Ho não causa alterações óbvias na qualidade da textura. Isto deve-se ao facto de o raio iónico do Y^{3+} ser quase semelhante ao do Ho^{3+} .

Este estudo mostrou que a distância T-S com a pressão de oxigénio e com a densidade de energia do laser têm efeitos específicos inter-relacionados na qualidade da textura das películas. Na nossa configuração experimental, os valores de p de 20 e 22 Pa com um valor d_{TS} de 45 mm e E de 2 Jcm^{-2} com d_{TS} de 45 mm foram seleccionados como as combinações mais eficazes para a preparação de películas de YBCO ($x=0$) orientadas para o eixo c. Além disso, foi revelado que, relativamente aos efeitos de outros parâmetros PLD, o T_{sub} afectou de forma crucial a preparação de películas orientadas para o eixo c com uma melhor textura no plano e deve ser aumentado com o teor de Ho.

Para as películas de (Y,Ho)$_{Ba2Cu3Oz}$ depositadas em substratos monocristalinos de (100) STO, obtiveram-se valores $de\ Tc$ ligeiramente inferiores a 90 K, que se pensa serem valores praticamente suficientes. Concluiu-se que a temperatura de recozimento com oxigénio e o tempo de imersão afectam grandemente a Tc, tendo sido fixados em 450^0 C e 30 minutos, respetivamente, para se obter a condição óptima de recozimento. São necessárias mais investigações para encontrar a relação entre Tc e a pressão de oxigénio.

Os valores de Jc foram medidos em cerca de 1 MA/cm^2 (0,8-1,5 MA/cm^2), exceto para $x=0,5$. O valor mais elevado de Jc foi de cerca de 1,5 MA/cm^2 para a película de $x=0,3$. Atualmente, este valor não é muito elevado. Por conseguinte, recomenda-se que se melhore o laser de impulsos Nd:YAG com Q-switch, ajustando o nível de energia até ao segundo e terceiro tipos de harmónicos (comprimentos de onda de 532 nm e 355 nm, respetivamente). Além disso, deve ser dada atenção ao ajuste da taxa de repetição de impulsos e da duração dos impulsos (FWHM) dos lasers Nd:YAG, a fim de melhorar a qualidade do laser (neste estudo, a taxa de repetição de impulsos e a duração dos impulsos (FWHM) foram fixadas em 10 Hz e 18 ns, respetivamente).

No presente estudo, não se observou um aumento significativo em Jc de (Y,Ho)$_{Ba2Cu3Oz}$ e não houve uma relação exacta entre a razão Y:Ho e Jc . Parece que as diferentes energias potenciais dos electrões em sítios Y^{3+} e Ho^{3+} distribuídos aleatoriamente não têm um forte efeito na fixação do fluxo. Por conseguinte, as películas REBCO contendo múltiplos elementos de terras raras com diferentes raios iónicos ((RE,RE')$_{Ba2Cu3Oz}$) são tidas em consideração para investigar o comportamento de fixação do fluxo. O efeito da combinação da aleatoriedade da composição e dos APCs das nano-rodas (por exemplo, $_{BaZrO3}$; BZO) na melhoria da fixação do fluxo é investigado, uma vez que não encontrámos relatórios sobre este assunto. Como passo inicial, foram depositadas películas finas de (Eu0,7Gd0,3)$_{Ba2Cu3Oz}$ e (Eu0,7Gd0,3)$_{Ba2Cu3Oz}$ + 2 % em peso de BZO em monocristais de MgO (100) utilizando o laser Nd:YAG a 266 nm. Para ambas as composições, o Tc foi medido em cerca de 90 K. As observações TEM são efectuadas para examinar os nanobastões após a determinação do Jc. Embora existam muitos relatórios sobre a melhoria de Jc com a introdução de vários tipos de nanopartículas (BaZrO3, BaSnO3 e Y2O3, etc.), o tipo de partícula, o tamanho e o método de introdução mais eficazes ainda não foram revelados. Esta é uma tarefa que permanece para os cientistas de materiais que trabalham no desenvolvimento de condutores revestidos.

Verificou-se que Jc diminui com o aumento da espessura da película de REBCO. No entanto, é necessário desenvolver películas REBCO mais espessas e de alta qualidade com correntes críticas elevadas, uma vez que os condutores HTS revestidos com essas películas serão capazes de transportar grandes quantidades de corrente adequadas para aplicações de energia eléctrica. Na presente investigação, embora as películas tenham sido fabricadas com uma espessura inferior de 200-250 nm, esta não é a espessura óptima que corresponde ao Jc máximo. Por conseguinte, recomenda-se o estudo da influência da espessura da película em Jc com o objetivo de encontrar a espessura óptima das películas de REBCO. A taxa média de deposição da película foi calculada como sendo

11 nm/min, o que é um valor relativamente baixo. No entanto, continuam a existir desafios no que respeita à manutenção das excelentes propriedades HTS dos condutores revestidos, ao mesmo tempo que se aumentam as taxas de deposição de película em comprimentos de fita mais longos. É necessária uma monitorização e um controlo em tempo real para reduzir os limites de grão, as más orientações e os defeitos que podem diminuir as capacidades de transporte de corrente dos condutores revestidos.

As películas epitaxiais REBCO são abundantes em vários defeitos e partículas/precipitados de superfície, provavelmente devido à sua complexidade em termos de composições químicas e estruturas cristalinas. As densidades de partículas das películas de ($_{Y1-xHox}$)$_{Ba2Cu3Oz}$ preparadas neste trabalho foram praticamente as mesmas que as películas de PLD-YBCO fabricadas com um excimer laser. Entre estas amostras, $x=0$ (YBCO) e $x=1$ (HoBCO) parecem ter densidades de partículas ligeiramente inferiores às outras, mas a razão exacta para esta diferença ainda não foi revelada. A investigação sistemática da formação de partículas na superfície da película pode ser efectuada para encontrar a razão e seria útil para suprimir ainda mais a formação de partículas. Deve mencionar-se, em especial, que a formação de partículas, que é frequentemente apontada como um problema caraterístico da O Nd:YAG-PLD foi notavelmente suprimido, embora isso seja praticamente insignificante para efeitos de aplicação em condutores revestidos.

Os resultados actuais mostram que o Nd:YAG-PLD pode ser um processo promissor para o fabrico de condutores revestidos rentáveis com características de corrente melhoradas.

Referências

C.H. Stoessel, R.F. Bunshah, S. Prakash, H.R. Fetterman, Journal of Superconductivity 6, No.1 (1993).

J. Zhao, D.W. Noh, C. Chern, Y.Q. Li, P. Norris, B. Gallois, B. Kear, Appl. Phys. Lett. 56, 2342 (1990).

P. Benzi, E. Bottizzo, C. Demaria, N. Rizzi, J. Chem. Sci. 119, 631-635 (2007).

T. Honjo, Y. Nakamura, R. Teranishi, H. Fuji, J. Shibata, T. Izumi, Y. Shiohara , IEEE Trans. Appl. Supercond. 13, 2516-2529 (2003).

L.F. Admaiai, P. Grange, B. Delmon, M. Cassart, J.P. Issi, J. Mater. Sci. 29, 5817-5825 (1994).

H.S. Wang, D. Eissler, Y. Kershaw, W. Dietsche, A. Fischer, K. Ploog, Appl. Phys. Lett. 60, 778 (1992).

D. Zhang, D.V. Plant, H.R. Fetterman, K. Chou, S. Prakash, C.V. Deshprandey, R.F. Bunshah, Appl. Phys. Lett. 58, 1560 (1991).

O. Nakamura, E.E. Fullerton, J. Guimpel, I.K. Schuller, Appl. Phys. Lett. 60, 120 (1992).

R. Wordenweber, Supercond. Sci. Technol.12, R86-R102 (1999).

T. Horide, K. Matsumoto, K. Osamura, A. Ichinose, M. Mukaida, Y. Yoshida, S. Horii, Physica C 412-414, 1291-1295 (2004).

M. Ohmukai, T.Fujita, T.Ohno, Brazilian J. Phys. 31,1,(2001).

K. Kim, M. Paranthaman, D.P. Norton, T.Aytug, C.Cantom, A.A. Gapud, A. Goyal, D.K.Christen, Supercond. Sci. Technol. 19, R23-R29 (2006).

S.H. Seo, J.S. Song, M.H. Oh, J.S Park, Y.Z Wang, Thin Solid Films, 469-470, 149- 153 (2004).

J.A. Venables, G.D. Spiller, M.Hanbuck, Rep. Prog. Phys.47, 399-459 (1984).

D.J. Kenny, R.E. Palmer, Surface Science 447, 126-132 (2000).

E. Gillet, B. Gruzza, Surface Science, 97, 553-563 (1980).

J. Gutierrez, A. Llordes, J. Gazquez, M. Gibert, N. Roma, S. Ricart, A. Pomar, F. Sandiumenge, N. Mestres, T. Puig, X. Obradors: Nat. Mater. 6, 367 (2007).

D. Christen, Nature Materials 3, 421 - 422 (2004)

S.R. Foltyn, L. Civale, J.L. MacManus-Driscoll, Q.X. Jia, B. Maiorov, H. Wang, M. Maley, Nature Materials 6, 631 - 642 (2007)

. Goyal, S. Kang, K.J. Leonard, P.M. Martin, A.A. Gapud, M. Varela, M. Paranthaman, A.O. Ijaduola, E.D. Specht, J.R. Thomson, D.K. Christen, S.J. Pennycook, F.A. List, Supercond. Sci. Technol. 18, 1533 (2005).

P. Mele, K. Matsumoto, T. Horide, A Ichinose, M Mukaida, Y. Yoshida, S Hori, R Kita, Supercond. Sci. Technol. 21, 015019 (2008).

.Y.Zhu, Z.X. Car, R.C. Bhdhani, M. Suenaga, D.O. Welch, Phys.Rev. B, 48, 6436 (1993).

.H. Dai, S. Yoon, J.Liu, R.C. Budhani, C.M.Lieber, Science, 265, 1552-1555 (1995).

G.P. Summers, E.A. Burke, D.B. Chrisey, M. Nastasi, J.R. Tesmer, Appl. Phys. Lett. 55, 1469 (1989).

M.A. Kirk, H.W. Weber, Studies of High-Temperature Superconductors, vol 10 Nova Science, New York (1992).

Y. Yamada, et al. Appl. Phys. Lett. 87, 132502 (2005).

V.A. Shchukin, D. Bimberg, Rev. Mod. Phys. 71, 1125-1171 (1999).

H. Wang, et al. J. Appl. Phys. 100, 053904 (2006).

C.V. Varanasi, P.N. Barnes, J. Burke, L. Brunke, I. Maartense, et al. Supercond. Sci. Technol. 19, L37 (2006).

. Ichinose, K. Naoe, T. Horide, K. Matsumoto, R. Kita, M. Mukaida, Supercond. Sci. Technol. 20, 1144-1150 (2007)

J.L. MacManus-Driscoll, S.R. Foltyn, Q.X. Jia, H. Wang, A. Serquis, L. Civale, B. Maiorov, M.E. Hawley, M.P. Maley, D.E. Peterson, Nat. Mater. 3, 439-41(2004).

T.A. Campbell, T.J. Haugan, I. Maartense, J. Murphy, L. Brunke, P. Barnes, Physica C 423 (2005).

.J. Hanisch, C. Cai, R. Huhne, L. Schultz, B. Holzapfel, Appl. Phys. Lett. 86 122508 (2005).

T.J. Haugan, P.N. Barnes, R.Wheeler, F. Meisenkothen, M. Sumption, Nature 430 (867-70) 2004.

.S. Kang et al Science 311, 1911(2006).

.A.Crisan, S.Fujiwara, J.C. Nie, A. Sundaresan, H. Ihara, Appl. Phys. Lett. 79, 4547- 4549 (2001).

T. Aytug, et al. J. Appl. Phys. 98, 114309 (2005).

K. Matsumoto et al. Physica C 412-414, 1267-1271 (2004).

J.C. Nie, et al. Supercond. Sci. Technol. 17, 845-852 (2004).

B. Maiorov, et al. Supercond. Sci. Technol. 19, 891-895 (2006).

P. Mele, K. Matsumoto, T. Horide, O. Miura, A. Ichinose, M. Mukaida, Y. Yoshida, S. Horii, Supercond. Sci. Technol. 19, 845-852 (2006).

.Y.Yoshida, et al. Jpn. Jpn. Appl. Phys. 44, L129-L132 (2005).

J.G. Lin, et al. Phys. Rev. B 51, 12900-12903 (1995).

.C. Kwon, et al. Phil. Mag. B 80, 45-51 (2000).

Y.Yamada, et al. Appl. Phys. Lett. 87,132502 (2005).

Q.X. Jia, et al. IEEE Trans. Appl. Supercond. 15, 2723-2726 (2005).

.C. Kwon, et al. IEEE Trans. Appl. Supercond. 9, 1575-1578 (1999).

B. Stauble-Pumpin, et al. Phys. Rev. B 52, 7604-7628 (1995).

J.L. MacManus-Driscoll, J.A. Alonso, P.C. Wang, T.H. Geballe, J.C. Bravman, Physica C 232, 288-308 (1994).

. T. Davis, C. Christopher, Lasers and Electro-Optics, Cambridge University Press, Nova Iorque, 133-136 (1996).

. D.Y. She, J.K. Sahu, W.A. Clarkson, Opt.Lett. 31, 754 (2006).

. D.B. Chrisey, G.K. Hubler, Pulsed Laser Deposition of Thin Films, John Wiley and Sons, Inc., Nova Iorque, 24-30 (1994).

. X.C. Wen, W.Z.Yi, H.K. Na, L.D. Hua, Z.Y. Dong, Chinese Phys. Lett. 26, 014213 (2009).

. A.B. Borisov, X. Song, F. Frigeni, Y. Dai, Y. Koshman, W.A. Schroeder, J. Davis, K. Boyer, C.K. Rhodes, J. Phys. B: At. Mol. Opt. Phys. 35 (2002).

. I.diaz, M. santos, J.A.Torresano, M.Castillejo, M. jadraque, M. martin, M. oujja, E. rebollar, Appl. Phys. A 85, 33-37 (2006)

. N. Michael, R. Ashfold, F. Claeyssens, M. Gareth, J. Simon, Chem. Soc. Rev., 33, 23 - 31(2004).

. D. Dijkkamp, T. Venkatesan, X. D. Wu, S. A. Shaheen, N. Jisrawi, Y.H.Min-Lee, W. L. McLean, M. Croft, Appl. Phys. Lett. 51, 619 (1987).

. D. Basting, G. Marowsky, Excimer Laser Technology, Springer Berlin Heidelberg, Alemanha, 385-397 (2005).

M. Allmen, A. Blatter, Laser-Beam Interactions with Materials, SpringerVerlag, Berlim (1997).

H.C. Lee, Y.P. Kim, Optics & Laser Technology, 40, 901-905 (2008).

W. Zendzian, J.K. Jabczynski, J. Kwiatkowski, Optics & Laser Technology, 40, 441-444, (2008).

Y.F. Chen, Y.P. Lan, Appl. Phys. B, 79, 29-31 (2004).

.Nd:YAG Laser System LS-2147 User's Manual, Minsk 220012, República da Bielorrússia (2007).

M.S. Hegde, Proc. Indian Acad. Sci. (Chem. Sci.), 113, 445-458 (2001).

.S. Proyer, E. Stangl, M. Borz, B. Hellebrand, D. Bäuerle, Physica C 257, 1 (1996).

S.R. Foltyn, R.C. Dye, K.C. Ott, E. Peterson, K.M. Hubbard, W. Hutchinson, R.E. Muenchausen, R.C. Estler, X.D. Wu, Appl. Phys. Lett. 59, 594 (1991).

G.A Farnan, M.P. McCurry, C.C. Smith, R.J. Turner, D.G. Walmsley, Supercond. Sci. Technol. 13, 262-272 (2000).

D.Q. Shi, R.K. Ko, K.J. Song, J.K. Chung, S.J. Choi, Y.M. Park, K.C. Shin, S.I. Yoo , C. Park, Supercond. Sci. Technol. 17, S42-S45 (2004).

.R.F. Wood, J.N. Leboeuf, K.R. Chen, D.B. Geohegan, A.A. Puretzky, Appl. Surf. Sci. 127-129, 151 (1998).

M. Mukaida, S. Miyazawa, Japão. J. Appl. Phys. 32 4521(1993).

H. Izumi ,Tese de doutoramento Instituto de Tecnologia de Tóquio, Tóquio (1992).

Y. Ichino, Y. Yoshida, Y. Takai, K. Matsumoto, H. Ikuta, U. Mizutani, Supercond. Sci. Technol. 17, 775-780 (2004).

T. Kusumori, H. Muto, Physica C 227-244, 351 (2001).

D.L Bish, J.E Post, Modern Powder Diffraction, Min. Soc. America Reviews in Mineralogy, U.S.A, 20, 369 (1992).

Manual do utilizador do sistema laser Nd:YAG LS-2147, Minsk 220012, República da Bielorrússia 2007

Modelos H410 e H410D Medidores de potência e energia laser Configuração e procedimentos de funcionamento F.J. Owens, C.P. Poole, The New Superconductors, Plenum Press, Nova Iorque, 143 (1996).

K. Fossheim, A. Sudb, Superconductivity Physics and Applications, John Wiley and Sons, Inc., Nova Iorque, 44 (2004).

R. D. Shannon, Ata Cryst. **A32**, 751 (1976).

Y. Shiohara, M. Yoshizumi1, T. Izumi, Y. Yamada, Supercond. Sci. Technol.21 034002 (2008).

D.Dimos, P. Chaudhari, J. Mannhart, Physical Review B. 41, 7 (1990).

Huhtinen, P. Paturi, E. Lahderanta, R. Laiho, Supercond. Sci. Technol.12, 81 (1999).

S. Amoruso, M. Angeloni, G. Balestrino, N. Boggio, R. Bruzzese, P.G. Medaglia, A. Tebano, M. Vitiello, X. Wang, Applied Surface Science, 247, 64-70 (2005)

J.P. Gong, M. Kawasaki, K. Fujito, R. Tsuchiya, M. Yoshimoto, H. Koinuma, , Phys. Rev. B 50, 3280 (1994).

T.Haugen, P.N. Barnes, R. Wheeler, F. Meisenkothen, M. Sumption, Nature 430, 867, (2004). .

A.P. Malozemoff, J. Mannhart, D. Scalapino, Phys. Today, 58, 41 (2005).

M.S. Hegde, Proc. Indian Acad. Sci. (Chem. Sci.), 113, 445-458 (2001).

S. Proyer, E. Stangl, M. Borz, B. Hellebrand, D. Bauerle, Physica C 257, 1 (1996).

F. Zupanic, T. Boncina, D. Pipic, V.H. Bartolic, Journal of Alloys and Compounds, 465, 197-204 (2008).

X.Z. Liu, S.M. He, D.J. Wu, K.Y. Duan, Y.R. Li, Physica C 147-153, 433 (2006).

T. Kusumori, H. Muto, Physica C, 227-244, 351 (2001).

X.F. Zhang, H.H. Kung, S.R. Foltyn, Q.X. Jian, E.J. Peterson, D.E. Perterson, J. Mater. Res. 14, 1204 (1999)

Guia de operação do microscópio eletrónico de varrimento de emissão de campo JSM-740IF (2004).

T. Horide, K. Matsumoto, K. Osamura, A. Ichinose, M. Mukaida, Y. Yoshida, S. Horii, Physica C 412-414, 1291-1295 (2004).

J. Gutierrez, A. Llordes, J. Gazquez, M. Gibert, N. Roma, S. Ricart, A. Pomar, F. Sandiumenge, N. Mestres, T. Puig, X. Obradors: Nat. Mater. **6,** 367 (2007).

K. Kim, M. Paranthaman, D.P. Norton, T.Aytug, C.Cantom, A.A. Gapud, A. Goyal, D.K.Christen, Supercond. Sci. Technol. 19, R23-R29 (2006).

H. Dai, S. Yoon, J.Liu, R.C. Budhani, C.M.Lieber, Science, 265, 1552-1555 (1995).

R. Wordenweber, Supercond. Sci. Technol. 12, R86-R102 (1999).

G.P. Summers, E.A. Burke, D.B. Chrisey, M. Nastasi, J.R. Tesmer, Appl. Phys. Lett. 55,1469 (1989).

C.V. Varanasi, P.N. Barnes, J. Burke, L. Brunke, I.Maartense, et al. Supercond. Sci. Technol. 19, L37 (2006)

T.A. Campbell, T.J. Haugan, I. Maartense, J. Murphy, L. Brunke, P. Barnes, Physia C 423 (2005).

JSM-740IF Guia de Funcionamento do Microscópio Eletrónico de Varrimento de Emissão de Campo, 2004.

M.Ohmukai, T.Fujita, T.Ohno, Brazilian Journal of Physics, 31, 1,(2001).

Y.V. Cherpak, V.L. Svetchnikov, A.V. Semenov, V.O. Moskaliuk, C.G. Tretiatchenko, V.S. Flis, V.M. Pan, Journal of Physics: EUCAS 2007, 97, 012259 (2008).

Y.V. Cherpak, V.O. Moskaliuk, A.V. Semenov, V.L. Svetchnikov, C.G. Tretiatchenko, V.M. Pan, Supercond. Sci. Technol. 20, 1159-1164 (2007).

yes
I want morebooks!

Buy your books fast and straightforward online - at one of world's fastest growing online book stores! Environmentally sound due to Print-on-Demand technologies.

Buy your books online at
www.morebooks.shop

Compre os seus livros mais rápido e diretamente na internet, em uma das livrarias on-line com o maior crescimento no mundo! Produção que protege o meio ambiente através das tecnologias de impressão sob demanda.

Compre os seus livros on-line em
www.morebooks.shop

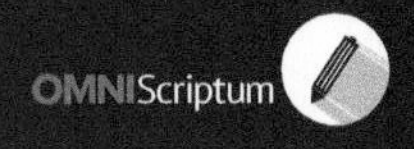

Printed by Books on Demand GmbH, Norderstedt / Germany